航拍之美

——无人机摄影从入门到精通

王建华　季春红　汤德宏　主编

U0261130

中国电力出版社
CHINA ELECTRIC POWER PRESS

内 容 提 要

　　本书由资深无人机摄影师编写，汇集了他们扎实的专业知识、独到的理论领会、丰富的实操经验技巧。书中从无人机的基础知识和维护保养开始，对无人机飞控、静态图片拍摄、动态视频拍摄、各种题材拍摄以及图片和视频的后期编辑都进行了详细讲解，并辅以精美图例，以启发读者发现航拍之美的思维意识，从而拍出精美的作品。

　　本书内容深入浅出、图片精美，是一本无人机航拍爱好者、发烧友甚至专业人员都能即学即会的实用之作。

图书在版编目（CIP）数据

　　航拍之美：无人机摄影从入门到精通／王建华，季春红，汤德宏主编 . —北京：中国电力
出版社，2020.1（2021.3 重印）
　　ISBN 978-7-5198-3623-8

　　Ⅰ . ①航…　Ⅱ . ①王…　②季…　③汤…　Ⅲ . ①无人驾驶飞机－航空摄影　Ⅳ . ① TB869

　　中国版本图书馆 CIP 数据核字（2019）第 187338 号

出版发行：中国电力出版社
地　　　址：北京市东城区北京站西街 19 号（邮政编码 100005）
网　　　址：http://www.cepp.sgcc.com.cn
责任编辑：马首鳌　（010–63412396）
责任校对：黄　蓓　郝军燕　李　楠
责任印制：杨晓东

印　　刷：北京盛通印刷股份有限公司
版　　次：2020 年 1 月第一版
印　　次：2021 年 3 月北京第二次印刷
开　　本：787mm×1092mm　16 开本
印　　张：15.5
字　　数：389 千字
定　　价：89.00 元

《航拍之美——无人机摄影从入门到精通》

编 写 组

主　编：王建华　季春红　汤德宏

参　编：顾祥忠　陆　平　黄布华　茅志勇

　　　　孔亚彬　任　毅　朱华东　王　淳

　　　　杨玉岗　罗佳伟

飞向摄影的未来

"天空视角"曾经让无数摄影师梦寐以求。今天，借助无人机技术的进步，照相机第一次在空中自由地飞翔。

无人机对于摄影人来说，就像一次新的"凿空"之旅。俯瞰大地，万物生长，万象更新。大千世界被摄影人用无人机的镜头梳理成可视、可知、可感、易被接受和传播的视觉语言。俯瞰的魅力源于对线索的梳理，源于符号化图案化，源于简化复杂，更源于把不可见变为可见。已经司空见惯的一切，在"天空视角"下呈现最自然最原始的状态，一种富有图案形式感的摄影新语言诞生了。

新的拍摄视角、新的拍摄方式、新的传播方式，激发了摄影人新的创作热情。在新闻、风光、生态、人文、城市等摄影领域，无人机摄影大有用武之地。特别是在新闻报道领域，无人机作为媒体融合发展中新的生产力的代表，正出现在各个新闻现场。现在，国内的主要新闻机构，都配备了一定的无人机报道力量。在杭州举办的 G20 峰会前夕，新华社记者第一次把无人机摄影引入重大报道当中。2017 年，新华社播发了无人机航拍新闻照片近 6000 张。

在展现崭新的摄影语言魅力的同时，无人机摄影也在快速地聚拢周边的知识结构，形成一个新的学科。无人机摄影的知识体系主要由摄影与摄像、飞行原理与控制、相关法律法规等多个领域，具体可以归纳为无人机的原理与构造、无人机的操作与控制、飞行气象和环境知识、无人机图片拍摄及后期、无人机视频拍摄及后期、无人机行业法规及安全知识等。"飞行无小事"，作为一名无人机摄影师，在正式投入无人机拍摄以前，都应该对以上知识进行系统的学习。

　　有人把无人机比作摄影师手中"会飞"的镜头，但无人机对于摄影的意义，将超越视角的变化——影像科技和人工智能第一次在这里握手。从这个角度讲，无人机更应该被看成一个摄影机器人，是摄影通往未来之路上的一次浪潮。令我们值得庆幸和自豪的是，中国的无人机企业和无人机摄影师，正站立在"潮头"。

　　参与本书撰写的作者，都是在无人机摄影领域的资深"玩家"。从某种意义上说，他们是中国无人机技术发展的见证者，是无人机技术和摄影技术融合的探索者与实践者，是第一代无人机摄影师。现在，我们由于对无人机摄影的热爱而结缘，共同把实践中的理论和经验，化而为字，浓缩成书。于是，这样一本我所期待的、由中国无人机摄影师自己撰写的原创摄影指南得以付梓，这实在是一件令人高兴的事。

　　消费级无人机从 2015 年起向大众普及，无人机摄影的许多领域还正在探索。同时也限于我们的水平，本书还有不完美的地方，我们一定在今后的编辑中进一步完善。相信中国有一流的无人机器材，一流的无人机摄影师和作品，也必然有一流的无人机摄影指南。

王建华

（中国新闻摄影学会无人机专业委员会主任）

目　录
CONTENTS

飞向摄影的未来

第一章 | 认识无人机

一、什么是航拍无人机

　　无人机是无人驾驶飞机的简称（英文缩写为"UAV"），是利用无线电遥控设备和自备的程序控制装置操纵的不载人飞机。无人机可用于多种用途，如国防安全、地理测绘、农业植保等。近年来，随着技术的发展，无人机摄影成为一个新兴的领域。这种搭载有照相机，主要用于影像拍摄的无人机常常被称为航拍无人机。航拍无人机的普及，丰富了摄影的视角。顾名思义，其最重要的功能就是航拍，它是搭载有相机的无人机，大大拓展了摄影领域的范围，在摄影、侦察、探测、测绘等领域发挥着越来越大的作用。

大疆创新 MG-1 农业植保无人机

　　航拍无人机在我们的操控下能够自由地上升到空中，以"上帝的视角"去构图和拍摄。目前航拍无人机已经被广泛地运用于专业的电影和摄影拍摄、体育赛事拍摄、旅行记录以及婚礼等场合。

大疆"悟"Inspire2 专业无人机

二、了解你的无人机

1. 四轴飞行器的概念

现在市场上最常见的航拍无人机基本都属于四轴飞行器（Quadrotor）。四轴飞行器又称四旋翼飞行器、四旋翼直升机等，属于多旋翼飞行器的一种。四轴飞行器的四个螺旋桨都是电机直连的简单机构，十字形的布局允许飞行器通过改变电机转速获得旋转机身的力，从而调整自身姿态。因为它固有的复杂性，历史上从未有大型的商用四轴飞行器。近年来得益于微机电控制技术的发展，稳定的四轴飞行器得到了广泛的关注，应用前景十分可观。国际上比较知名的四轴飞行器公司有中国大疆公司、法国 Parrot 公司、德国 AscTec 公司和美国 3D Robotics 公司。小型的四轴飞行器可以自由地实现空中悬停和自由移动，具有很大的灵活性。因为它机械稳定性好，性价比很高，在娱乐、航模、航拍等领域应用日益广泛。

Parrot Bebop 2 消费级便携无人机

2. 电池与续航

四轴无人机的电池是无人机飞行的动力来源，因其使用聚合物锂电池，具有体积小，电压高，电流大的特点，但价格较高。以大疆公司的精灵系列无人机为例，原装电池的费用为 800~1000 元，标称电压为 15.2 伏，是由四块锂电池组成的一组封闭的电池组。电池因其使用了智能模块，在使用期间，电池能自动显示电压、剩余电量、充放电次数、电池温度等。

大疆"御"Mavic Pro 智能飞行电池

大疆"悟"Inspire 2 智能飞行电池　　　　　　　大疆精灵 Phantom 4 Pro 智能飞行电池

在寒冷的冬季，使用无人机要特别注意，电池温度要高于 15 摄氏度，否则会因为温度过低，电池电阻增大，有可能造成瞬间断电，对飞行中的无人机造成安全威胁。

电池充放电注意事项

电池要定期充放电，在接好的无人机显示器上，可以设定电池在一个周期（如十天）自动放电。无人机电池被称为智能飞行电池，这是因为除了聚合物锂离子电池之外，该电池上还具备更多的智能部件。首先，为了保护电池的长时间工作安全，电源管理系统能够对电池进行充放电保护，能够始终让电池工作在安全的范围内。其次，如果电池长期满电搁置会对电池寿命产生影响，智能飞行电池内置有电池存储自放电保护，长时间搁置情况下能够自动放电，延长电池的使用寿命。这套电源管理系统，用户无法感知到，但却对无人机的安全飞行起到至关重要的作用。

电池常规保养

电池在日常使用中要做好保养，不要将电池放在阳光曝晒、潮湿的地方，充电的时间不宜过长。

有人在购买大疆精灵系列的电池时，经常会购买一些价格低廉的非原装电池。值得注意的是，有些此类电池初期使用问题不大，但是充电几个循环后，电池的容量明显降低。

3. 充电器

充电器可以分为车载和常规电源充电两种。一般情况下，原厂无人机出厂时，会配备常规电源充电器，有些无人机的车载充电器需自费购买。

不同的无人机的充电器注意不要混接。由于无人机遥控器和电池共用一根充电线，厂方提醒，在充电过程中，不要将遥控器和电池同时接入充电。

在给多个电池充电时，充电器可以接上并充板和电池管家，这样可以满足多个电池同时充电的需要。注意，即使连上并充板，电池也是一个一个充电的，充电的总时间不变，在一个电池充完后，电池管家上充电指示灯会有显示，方便临时取用。

大疆"悟"nspire 无人机电池充电器

大疆"悟"Inspire 2 电池管家

4. 航拍相机与云台

航拍相机

近年来无人机技术发展的重要标志之一，就是集成了较高性能和较高画质的相机。这种飞行与拍摄的一体化技术，价格更为低廉，使得个人购买航拍无人机从事航拍创作成为可能。虽然像大疆精灵一类的航拍无人机的画质还无法和单反相机相比，但以一个鸡蛋大小的航拍相机能够拍摄出 4K 画质的高清晰度影像，表现不能不说十分出色。

云台

如果你看过拍电影的现场，你会看到一个人手持一个方形的装置，装置内有一台摄像机，该装置能自动保持摄像机的稳定，并可以调节摄像机的角度，这就是云台。"云台"一词是一个通用的术语，指可以使物体绕轴旋转的轴径支座，但在无人机领域，云台是用无刷马达——与无人机飞行使用的马达一样将相机稳定在两个或三个轴径上的基座。

航拍相机的云台是一个高度集成化的装置，其精度较高。当无人机在空中运行时，经常会因飞行姿态调整或遭遇大风引起机身的晃动，无人机云台此时通过电子元件感知机身的晃动幅度，对幅度进行不断地修正，调整云台的角度，保证画面的相对稳定。云台还可以进行拍摄角度的调节。以大疆精灵系列为例，其云台可以进行上下俯仰调节，再加上通过机身旋转进行左右调节，这样摄影师就可以自如地调整拍摄角度了。无人机第一次把摄影的视角自由地拓展到空中，从此相机运动的垂直维度已经打开。相对于地面摄影相机功能繁多的品类，适合消费级无人机使用的相机依然非常有限。

大疆禅思 Zenmuse X7 云台相机

虽然原理上无人机可以搭载任何相机，但是考虑到空中摄影的特点，适合无人机搭载的相机应该具备以下三点优势：

- 质量轻
- 实时视频输出
- 遥控快门

显然，消费级无人机越重，飞行时间就越短，可操作性也就越低。因此，相机越轻越好。实时视频输出（即时取景）可使使用者实时看到相机捕捉的画面。没有即时取景，就几乎不可能使用无人机拍出满意的镜头。最后，遥控快门释放界面也是必需的，这样使用者才能决定什么时候拍照，而不是使相机一直拍照（拍视频）或处于定时拍照模式（静态），导致每次飞行结束时都要额外浏览许多素材。

载重量较大的十轴飞行器可以搭载 RED 品牌相机和高端单反相机等专业器材，但是绝大多数航拍照片和视频是使用 GoPro 相机（或其他运动相机）或配备一体化相机的无人机拍摄的。

无人机的云台也十分重要。相机基座上有一个惯性测量单元（IMU），可以向云台控制器报告其方向。云台控制器控制云台马达，使相机平台再次处于水平。每秒钟这个动作都会发生几百次，这样即使无人机被大风吹得摇摆不定，相机平台也会非常稳定。二轴云台稳定横摇（左右倾斜）和纵摇（上下移动），三轴云台加入了偏航（转左和转右）稳定，所以使用好的三轴云台对于拍摄出稳定的视频十分重要。

云台对于各种型号的相机都很重要。不管是 GoPro 一类的运动型相机，还是专业的单反相机，要拍摄出合格的视频素材，画面必须稳定，云台是其中关键的技术之一。

5. 螺旋桨

常见的航拍无人机多是四旋翼飞行器，其四个螺旋桨为它提供动力，完成升降、进退和转动的动作。在四轴飞行器中，相邻的两个螺旋桨形状不同，而对角线上的两个则相同。在飞行中，相邻的两个螺旋桨旋转方向相反，对角线上的两个螺旋桨旋转方向相同。无人机前进时，后侧两个螺旋桨的速度会提高，后退时，前侧两只螺旋桨的速度会提高。使用无人机要随时注意螺旋桨的状态，一旦有损坏要立即更换，否则会影响飞行安全。

大疆"悟"Inspire 快拆桨

6. 遥控器

无人机的遥控器一般由电源开关、操作杆（左、右）、摄像键、拍照键、云台旋钮、模式按钮等组成。

- 电源开关：一般在无人机遥控器的醒目位置。以大疆产品为例，开启无人机需按住电源开关，先按一下，再连续按住三秒钟。关闭的操作相同，这样设计的目的是为了防止误操作。

- 操作杆：也称为遥杆，用来控制无人机运动的姿态。无人机操作杆的模式常见的有"美国手"和"日本手"。"美国手"为左操作杆控制升降油门，右操作杆控制前后左右方向；"日本手"为右操作杆控制升降油门，左操作杆控制前后左右方向。

- 摄像键/拍照键：用来执行拍摄视频或照片的命令。有的遥控器两键分开，有的共用一个按钮。

- 云台旋钮：云台旋钮是一个圆形的拨盘，控制云台的方向。一般情况下，它设计在遥控器左手持握的下部。

- 模式旋钮：用来选择无人机的飞行模式。以大疆系列产品为例，模式旋钮可以在姿态模式、GPS 模式、功能模式之间进行切换。在姿态模式下，GPS 定位系统关闭，无人机不能保持自身的稳定，完全依靠操作员的操控，此模式需要无人机的操控者更加熟练的技术来控制。

显示器是无人机飞行控制中重要的部件。有的遥控器自带显示器，现在常见的航拍无人机越来越多地使用手机或平板电脑作为显示器。除了监视取景画面外，与飞行相关的很多重要数据也在显示器上呈现，为操控者控制无人机提供重要参考。外接的显示器通过数据线与遥控器相连。需要注意的是，不管是自带显示器，还是外接显示器，都要尽可能地选用高亮显示屏，这是因为无人机航拍常常在白天日照强烈的条件下进行工作。

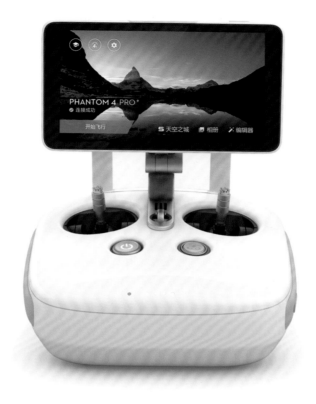

大疆精灵 Phantom 4 Pro+ 无人机遥控器

7. 飞控模块

无人机的飞控模块是无人机的飞行控制系统，它就像电脑的CPU一样，是一台无人机的中枢神经系统。它能够控制无人机的飞行，在遇到外在干扰时，无人机通过飞行控制器自动飞行或者降落。

大疆 N3 多旋翼飞行控制系统

三、无人机的分类

根据构造、重量、用途等不同的标准,无人机有不同的分类方法。中国民用航空局2018年1月发布《无人驾驶航空器飞行管理暂行条例（征求意见稿）》中,对无人机作出如下分类:

微型无人机,是指空机重量小于 0.25 千克,设计性能同时满足飞行高度不超过 50 米、最大飞行速度不超过 40 千米 / 小时、无线电发射设备符合微功率短距离无线电发射设备技术要求的遥控驾驶航空器。

轻型无人机,是指同时满足空机重量不超过 4 千克,最大起飞重量不超过 7 千克,最大飞行速度不超过 100 千米 / 小时,具备符合空域管理要求的空域保持能力和可靠被监视能力的遥控驾驶航空器,但不包括微型无人机。

小型无人机,是指空机重量不超过 15 千克或者最大起飞重量不超过 25 千克的无人机,但不包括微型、轻型无人机。

中型无人机,是指最大起飞重量超过 25 千克不超过 150 千克,且空机重量超过 15 千克的无人机。

大型无人机,是指最大起飞重量超过 150 千克的无人机。

四、航拍无人机购买与日常维护

1. 购买无人机应当考虑哪些方面

消费级无人机技术的成熟,使得无人机市场火热。无人机厂商不断把最新的技术应用于无人机的设计和生产,无人机的性能日趋稳定,设计新颖,同时价格也趋向平民化。如今,你可以轻松地以 2000 多元的价格购买到一架入门级别的无人机。功能更加复杂的专业级无人机价格也多在一万至数万元。

小米公司出品的小米无人机 4K 版

航拍无人机具备许多特性和功能，我们需要仔细衡量分析，究竟哪款更适合你。

（1）飞行安全与可靠性

安全与可靠性永远是购买无人机的首要参考标准。稳定可靠的飞行需要以先进的飞行控制和智能的操控系统作为依托。飞控系统越是先进、对于各种情况设计得越严密，坠机发生的概率就越小。尽可能选购带有避障功能的无人机，增加安全系数。避障功能可以让无人机在障碍物前自动悬停，避免危险的发生。如果你需要在室内飞行，就需要着重考虑视觉定位功能。目前大多数无人机甚至能够在失去信号或低电量时自动返航，这些都是我们应当首先考虑的功能。

（2）影像系统

大疆禅思 Zenmuse X7 云台相机

起飞到空中然后四处飞行，这对于许多玩具级别的无人机也能轻松完成。优秀的航拍无人机还能够提供业界领先的1200W像素及以上的高清图片，或4K分辨率RAW格式的视频拍摄。同时，长时间曝光、包围曝光等高级摄影功能也必不可少。

除了画质，飞行稳定性也是航拍无人机的重要考量标准。对于不断因自身震动及风吹而带来的抖动，良好的云台系统能够为持续稳定的画面提供支撑。

（3）图传系统

大疆 Lightbridge 2 广播级一体化高清图传系统

图传是航拍的重要功能，它将相机取景的画面实时传输到操作者面前。如果图传带有延迟或易受干扰，操作者将无法及时调整画面。这一点在选购无人机时容易被忽略。购买者总是过分关注无人机的飞行性能，却忘了图传是帮助我们与无人机连接的重要功能。

（4）智能模式

优秀的航拍无人机会带有一系列的智能模式，这使我们在拍摄一些原本难度较高的画面时更容易而且有趣。比如当你需要拍摄快速移动的主体时，"智能跟随"模式将会自动识别主体并且让无人机智能跟随其进行拍摄，这大大简化了操作。

（5）便携性

对于便携性的要求，是目前航拍无人机的新趋势。除非专业所需，我们都不愿意在原本轻松愉悦的旅途中携带笨拙的无人机。因此轻便小巧的无人机成了许多人的首选目标。

（6）售后服务

航拍无人机由于采用了比较先进的科技，因此维修费用都会比较高昂，所以我们可以选择那些提供保险服务的厂商。

2. 部分无人机推荐

（1）大疆 DJI 御 Mavic 系列

大疆御 Mavic 系列是无人机爱好者、入门者和旅行爱好者的首选。目前它也是最为畅销的无人机之一，可折叠、便携、4K 拍摄、27 分钟的续航时间、7KM 信号范围，这些都是它的亮点。升级版御

Mavic 2 更是同时推出专业版和变焦版两个版本，分别加入了哈苏相机和 2 倍光学变焦的支持，续航时间提升到 31 分钟。

大疆"御" Mavic Pro 无人机

（2）大疆 DJI 精灵 Phantom 4 Pro

对于画质和飞行稳定性有较高要求的用户，大疆精灵 Phantom 4 Pro 备受青睐。4K 分辨率视频及 2000 万像素照片、30 分钟续航时间、1 英寸相机传感器、7KM 信号范围，都使它成为摄影师提高生产力的得力工具。

大疆精灵 Phantom 4 Pro 无人机

3. 无人机的购买

随着科技的进步，技术的革新，以及同业竞争的加速，更多的消费级无人机成为人们茶余饭后娱乐的产品，对于无人机初学者或者爱好者而言，若涉足此领域，可以从功能需求、费用预算等方面进行规划，购买方式线上和线下现在都比较方便。

大疆"御"Mavic Air 无人机

网店与实体店的差别：若本地有实体店，建议选择实体店，在实体店购买的好处是店主往往提供免费教学服务，同时，店主的客户往往分布在周边地区，有些店主会组织航拍活动，组织航拍爱好者聚会，分享交流航拍心得和经验，能够更好地入门，学到航拍操作的知识，避免操作失误。同时，在无人机有一些小问题、小碰撞时，实体店有的会提供维修服务，可以帮助很快解决。

费用预算：目前，市场上主流的消费级无人机价格在 5000 元左右。如果注重娱乐功能、便携性和机动性，8000 元以内是个参考。如果要拍摄高级的航拍微电影画面，预算应该要在 20000 元以上。

无人机的类型选择：从便携的角度，大疆公司的御、晓系列均是不错的选择。从拍摄的画质要求来看，精灵 4 系列已经满足个人的要求了，而悟 2 挂载 X5S 相机能够满足对视频拍摄更高一级的需求。

4. 无人机的日常检查和保养

无人机和汽车一样，日常的检修和保养对于保持无人机良好的工作状态十分重要。无人机是一个高度集成的高科技产品，功能复杂，零部件多，软件升级和硬件维护都是日常检修和保养必做的功课。

每次起飞前都会对无人机进行必要的检查，飞行结束后及时对无人机进行清洁和整理，这是每一个优秀的"飞手"应当养成的良好习惯。

起飞前对无人机的检查一般包括：

（1）检查无人机螺丝是否出现松动，机身结构上，无人机机身是否出现裂痕、损伤。

（2）检查无人机的螺旋桨。螺旋桨属于易损部件，在飞行前要检查每一根螺旋桨是否磨损严重，若磨损严重或出现裂缝，则需要更换螺旋桨。千万不要使用损坏的螺旋桨冒险飞行。

（3）检查电池的状态。在低温下起飞电池应该进行预热。

（4）检查手机电量、遥控器电量。

（5）检查无人机的信号状态，手机和无人机的连接状态。

（6）注意无人机是否经过改装。原则上尽量不要改装无人机，增加负荷、装饰有时都会对飞行的无人机造成致命的影响，影响安全。

（7）带变形功能的无人机，需要检查变形区（如大疆 Inspire 2）。Inspire 2 这类型机架结构可以变形的型号，还需要检查下形变组件在变形过程中是否正常顺畅平滑。如果有污染异物需要及时清理，组件若有损请及时返修。

（8）正式飞行前，可将无人机起飞至一定高度悬停，对无人机的各项状态进行检查。起飞过程中，如果无人机出现异常声响或者机身抖动、图传画面"果冻"，无人机操作者都应该立刻进行返航。小故障可以尝试自行解决，不能自行解决的需要求助于专业人员或机构。在问题解决前切不可再度飞行。

（9）检查无人机拍摄部件。无人机的航拍相机镜头要使用专用布或者镜头纸进行擦拭，保证拍摄画面的干净清洁。

（10）检查无人机的云台系统。

在无人机使用完毕后，要进行无人机的零配件归位，保证无人机放在容易取到且安全的地方。存放无人机及其零配件的地方应保持安全、通风、干燥。

飞行场地的选择

无人机飞行应尽量选择空旷干净的场地，避免碎石、细沙、灰尘多、有积水的场地，不要冒险选择极其狭窄的场地。在室内定位条件不好的时候，尽量不要在室内飞行。如果遇到电能不足等紧急情况需要立即降落，而降落的场地有不得不选择泥地、有水的洼地，经验丰富的飞手可以选择手持辅助降落。

　　总之，无人机的飞行检查和日常保养对于无人机的使用寿命、飞行安全有着至关重要的影响，对于新手来说，无人机的检查和保养头绪繁多，容易在某些环节疏忽。但如果养成良好的习惯，持之以恒，就会熟练地掌握一套完整的方法和程序。

第二章 │ 无人机飞行控制

无人机延伸了摄影师的视野，拓展了影像的视角，而这一切都是通过无人机的飞行控制来实现的。对于许多从传统摄影转向无人机的摄影师来说，无人机的飞行控制无疑是一个挑战。虽然现在的无人机在设计上追求操作简便和智能化，但是在无人机飞行的过程，"人"还是最关键的决定性因素。

一、如何规划一次飞行

1. 飞行前准备

养成飞行前做好各项准备的良好习惯是安全飞行的第一步。每一次飞行前，都要对无人机和起飞环境进行详细的检查，绝对避免仓促、无准备的飞行。准备工作可以按照下面的顺序进行。

（1）检查飞机的外观，确保飞机外观良好，无任何损毁，无任何影响飞行的附加物。

（2）检查飞机桨叶状况，确保边缘完整，无裂缝及损坏，桨叶卡扣连接正常。

（3）去除云台卡扣，启动相机并检查相机参数是否正常。

（4）检查电量，根据飞行计划评估并分配电能的使用，确保有充足的电量用于返航。

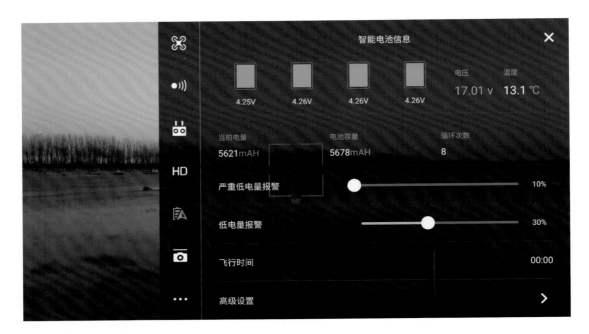

（5）确认移动监视端（显示器、手机、平板电脑等）运行稳定及连接正常。

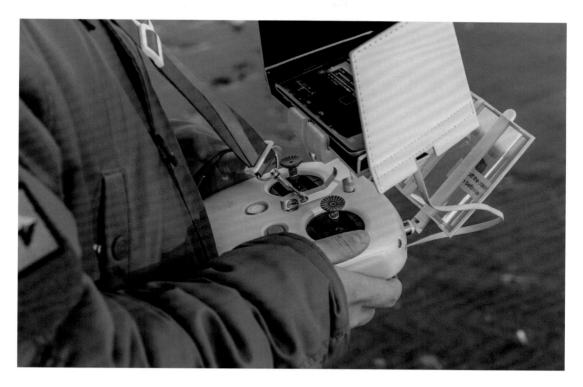

（6）根据飞行区域设置最大飞行高度，最远飞行距离以及返航高度。注意观察飞行区域内的最高建筑物，一般来说返航高度尽可能高于该建筑物，以确保顺利返航。

（7）检查GPS连接，室内飞行进行视觉定位确认。

（8）进行指南针及罗盘等定位系统校准。

（9）检查附近信道干扰情况，避免信号干扰造成操控或监视终端。

（10）检查云台水平和运动是否顺畅。无人机大都带有云台校准功能，但是会耗费一定的时间。养成在日常保养中检查云台的好习惯，尽量避免到了拍摄现场再校准云台。

（11）检查周边环境，起飞场地应优先选用空旷平坦区域，尽可能远离混凝土钢筋的建筑结构（此类结构对无人机信号会形成比较强烈的干扰）。

（12）如果需要在极寒环境下飞行，注意要进行电池预热。一般将电池加热至 20 度以上再开机。

大疆悟 Inspire 1 电池预热器

2. 飞行线路规划

无人机的飞行时间有限，通过事先对飞行线路进行有效的规划，可以最大效率地获取有用素材，避开影响飞行的障碍物。

以下图为例，字母代表了飞行环境中的建筑物以及拍摄的对象。摄影师可以按照镜头 1~5 的线路完成飞行，并在飞行过程中完成 5 种不同镜头素材的拍摄。值得注意的是，示意图中未显示高度，而在飞行过程中，高度的调整也非常重要。

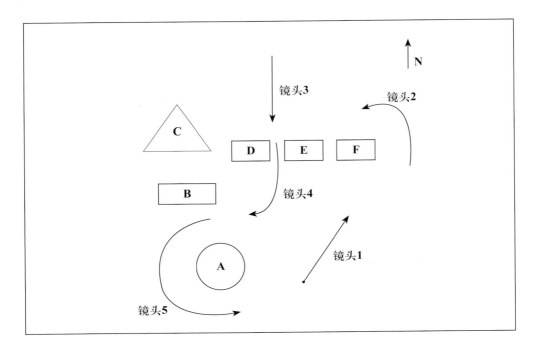

起飞前注意观察周围的环境十分重要。在上图中，飞行的环境中有树木、电线等，这就要求飞行线路的设计要保持在一定的安全高度以上。无人机自动返航的高度，也要设置在这个高度以上。

专业的"飞手"对于每一次飞行需要完成拍摄的素材都会做到心中有数，他们总是尽可能地利用空中时间，以获取更多的有效画面。无人机的电池电量有限，在空中漫无目的的飞行会消耗有限的电量，而且还容易引发不必要的意外。

摄影师在起飞前检查相关参数

3. 起飞

做好飞行前准备就可以起飞了。无人机起飞时，操控者和其他现场人员应和无人机保持一定的安全距离，避免无人机突发意外时造成人员受伤。

操控无人机起飞

无人机起飞后，可以在不远处稍做悬停，再次检查无人机的运行和各项参数。此时可以再次确认自动返航点、返航高度等，并且操作无人机完成一些基本动作如转向、加速、刹车等。以上检测正常以后，无人机就可以正式执行飞行任务了。

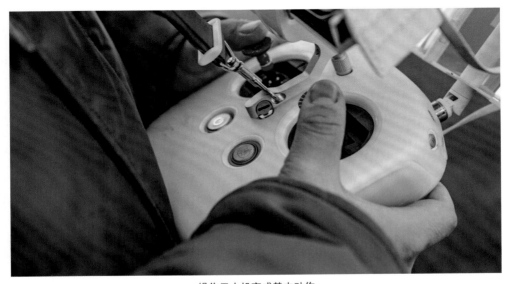

操作无人机完成基本动作

4. 无人机飞行过程中控制要点

（1）大多数情况下建议使用 P 档（GPS 定位模式）对无人机进行控制。事实上，无人机的 GPS 模式非常方便，足以完成拍摄所需要的绝大多数飞行动作。在没有把握的情况，操控者应避免切换到手动挡，以免造成无人机失控。

用 GPS 模式操控无人机，可以满足大部分拍摄需要

（2）飞行和拍摄过程中要求对飞行速度进行有效控制，根据拍摄需要控制油门大小。肆意使用全油门飞行会使无人机高速运动，在遇到意外的障碍物时因惯性过大而发生碰撞。另外，相对缓慢的运动速度也有利于保持镜头的稳定。无人机在高速前进时，机身会过度前倾，导致桨叶进入镜头，难免"穿帮"。

（3）在操作无人机完成一些高难度动作时，如后退拉升、环绕飞行等，除了注意无人机自身的情况外，还要注意周围的环境，对无人机运动过程中可能遇到的障碍物要有预判。经验告诉我们，有不少无人机就是在后退飞行选取镜头时，没有注意到后方的建筑或山体而导致意外的。有经验的"飞手"在进行此类动作时，会操作无人机旋转 360 度，通过监视器观察周围的情况，再规划出飞行线路，完成动作。这在环境相对复杂的城市中拍摄时尤其重要。

（4）在飞行中要时刻监视电池情况，确保无人机有返航的足够电量。

随时关注电池情况，当电量过低时，显示屏中的电量呈现"红色"警示

（5）在室外气温过低的情况下航拍，起飞后应稍做悬停可使电池自身加热，有利于飞行安全。

5. 降落

在空中完成一次拍摄后，可以按照以下程度操作无人机返航并降落。

（1）拍摄完成后确认拍摄素材，准备返航。

（2）通过监视器检测飞行器各项参数正常，降低速度，调整航向。

（3）返航飞行中注意控制合理高度和速度。若使用自动返航，务必把返航高度设置高于返航途中的最高障碍物，以免发生碰撞。

（4）无人机按照安全高度返航至操作者头顶时开始降落，如果周围有人群，要及时提示他们注意安全。

在周围没有适合降落的地面时，大疆精灵支持手持"接机"降落，但需要一定的操作经验，特别注意安全

（5）确认降落区域平坦且无杂物。除特殊情况外一般尽量不使用人工接无人机降落。

先关闭电源后再用手去拿取无人机

（6）确认发动机关闭后再去收整飞行器。切勿触动控制器，避免意外。

飞行结束后对无人机及时检查和整理

手接无人机降落的注意事项：首先一定要熟悉不同无人机的机身构造，提前了解可以安全抓稳无人机的位置，平时也要练习抓稳无人机的要点。手接无人机时一旦抓稳无人机，要保持无人机静止不动，模拟无人机降落到地面的状态，同时及时通过遥控器关闭无人机发动机。由于无人机的螺旋桨在高速旋转时的力量特别大，手接无人机时一定不能让螺旋桨碰到自己或者剐蹭到他人，以免造成伤害。

二、养成飞行后维护与检查的良好习惯

无人机在飞行过程中可能遇到各种情况，飞机的各项动作对于零部件也是一种损耗。因此，完成飞行后，应该立刻对飞机的外观和各项参数进行检查，为下一次的飞行做好准备。如果发现问题或故障，应尽快予以排除，确保安全后再进行下一次飞行。

飞行后检查与维护的内容包括：

（1）降落后检查飞行器外观有无破损或裂纹。

（2）检查桨叶是否完好。

桨叶是无人机关键且易损的部位，要认真检查

（3）无人机使用一段时间后，建议到专业售后维修点进行维护。

每次飞行结束后，要对无人机外观进行整体和细节的检查

（4）检查镜头是否有异物或脏痕，及时进行清洁。

发现镜头上有脏痕，要用专用的镜头布来擦拭

（5）检查电机及云台的运转（注意非专业人员不得对无人机及镜头进行拆解）。

（6）检查电池。电池的外观应良好，无鼓包，及时记录电池充电循环次数。

（7）无人机如在飞行中沾有水气，应及时进行干燥处理。

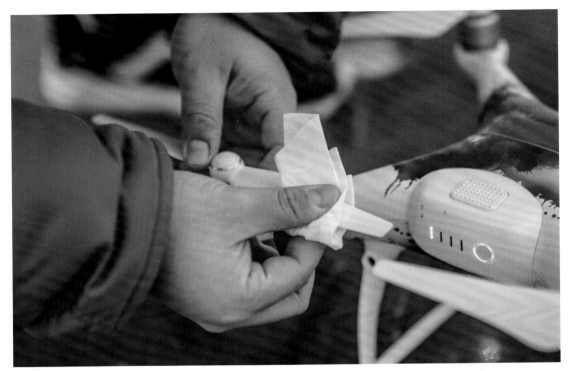

擦拭无人机的外观

（8）对无人机完成整体检查后，用干净、质地柔软的布料对其整体进行擦净，收存。

三、无人机飞行训练

虽然现在用于航拍的无人机都是自动化、智能化，但是要想熟练掌握无人机的飞行技巧，通过操控无人机完成取景和拍摄，仍然需要进行一定的训练。对于初学无人机摄影的朋友来说，无人机飞行训练可以分为入门训练和进阶训练。无人机训练也是一个从量的积累到质变的过程，开始的时候也许会觉得原地划个圈都比较困难，但是随着训练时间的增长，加上一定的指导和技巧，每个人都可以掌握、操控无人机的飞行。

1. 入门训练

无人机的入门训练是指通过对无人机基础动作的操控练习，熟悉无人机的性能，掌握无人机基本的飞控规律。初学者应挑选空旷无风的练习场，避开人群和障碍物，由简到难，逐步掌握。对于零基础的入门者，一定要在专业人员的指导下开展训练，由简到难，确保安全。

（1）GPS 悬停训练：操作无人机在空中完成悬停动作，初学者建议在 GPS 状态下进行练习，并熟悉在无人机悬停状态下确认各项技术参数，为下一步飞行做好准备。

（2）各方向加速前进：在悬停状态下调准方向，逐渐加大油门，掌握无人机前进的方向感和速度，检测电机工作状态。

（3）姿态模式悬念训练：所谓姿态模式，是一种不使用 GPS 和视觉系统，只用气压计等传感器保持飞行高度和飞机姿态的飞行模式。这种模式要求操控者对无人机有更精确的控制，在无人机因外界原因或拍摄需要在 GPS 模式和姿态模式发生切换时，确保对无人机的控制。

《风之谷》摄于巴基斯坦（作者：任毅）

（4）狭窄环境中直线飞行：在确保安全的情况下，可以选择相对狭窄的环境，练习操作无人机进行稳定的直线飞行。此项对于将来拍摄时应对复杂条件获得优质素材至关重要。

（5）高速和慢速精准飞行：根据需要操作无人机在极快或极慢的运动速度中完成素材的拍摄。以练习飞手的视觉定位及配合地图、监视器多标准定位的熟练程度，从而用精准的飞行动作摄取素材。

（6）穿越简易的障碍物：在绝对保证安全的情况下，挑选一些野外废弃的物体，操控无人机从物体之间穿过。

2. 进阶训练

在进阶训练中，我们将在掌握基本飞行技巧的情况下，学会把无人机的控制与对镜头的控制结合起来。

（1）直线俯拍：调整无人机云台镜头向下 45° 对准拍摄对象，一边完成取景构图，一边操作无人机向前或向后直线飞行。这是最基础，也是经典的一种航拍镜头运用，要求直线运动匀速、平稳。注意飞行线路上有可能出现的障碍物，特别是在做后退飞行动作的时候。

（2）"之"字线飞行：在直线飞行的基础上，我们可以加入对飞行高度的控制。一边直线飞行俯拍，一边拉升无人机的飞行高度，左、右舵同时控制，这样拍出的镜头更具空间感。

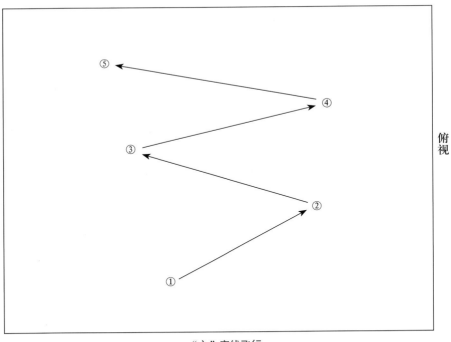

"之"字线飞行

（3）旋转上升：把无人机的镜头调整为 90° 垂直于地平线，取景后控制无人机定点上升进行拍摄，上升过程中控制无人机向左或向右缓慢旋转。这样拍出的镜头一边旋转，一边上升，非常炫酷。

（4）环绕飞行：把无人机镜头对准拍摄对象，操作无人机沿圆形或椭圆形轨迹飞行拍摄，这通常被无人机飞手们称为"刷锅"。刷锅的以美国手为例，两个遥杆向外（左边遥杆向左，右遥杆向右）就是逆时针刷锅，两个遥杆向内（左边遥杆向右，右遥杆向左）就是顺时针刷锅。练习环绕飞行时要计算好速度、半径，特别要注意预判一些较高的建筑物。在实际应用中，环绕飞行经常并不需要飞完一个整圈，其关键之处在于保持拍摄对象始终处于镜头的中心点，并保持飞行的平衡和顺滑。

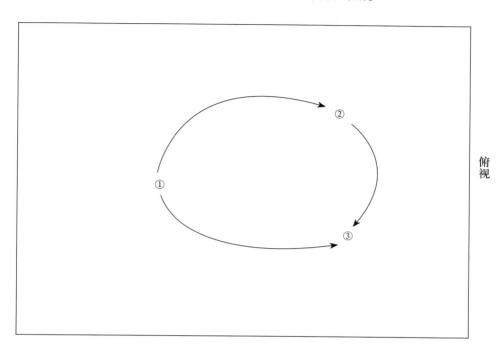

俯视

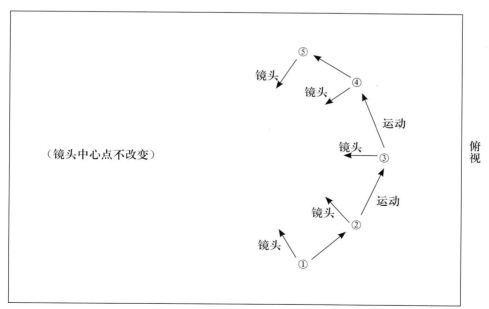

俯视

环绕飞行

（5）"S"线飞行：操作无人机沿"S"形路线运动完成拍摄。

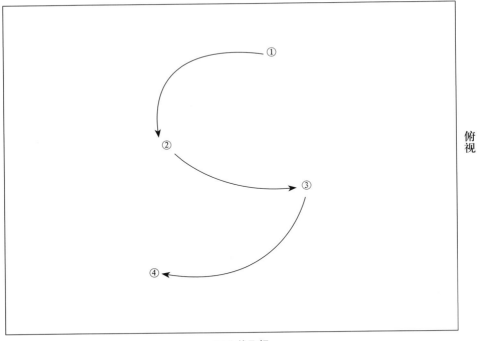

"S"线飞行

（6）矩形飞行：操作无人机沿矩形飞行，在飞行过程中调整云台镜头的角度，尝试镜头逐渐抬起的拍摄效果，掌握镜头平滑运动的技巧和手感。

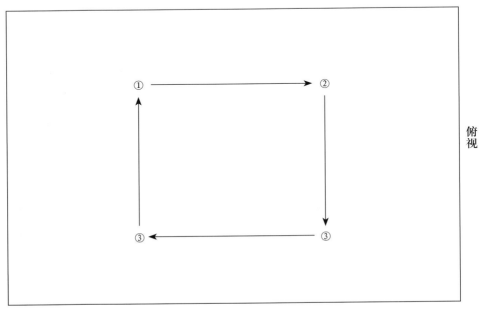

矩形飞行

（7）斜后退拉升：操作无人机对准拍摄对象，分别向斜后方四个方向一边后退，一边拉升，完成拍摄。

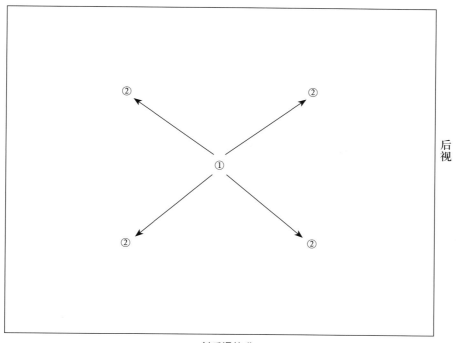

斜后退拉升

3. 无人机训练注意事项

（1）挑选适宜场地：有条件的可以挑选有资质的无人机培训基地，这样的地方设施相对齐全，飞行的空域有正规的报备和批准手续。也可以选择郊外空旷的地域展开。

（2）专业的指导：对于初学者来说，接受专业的辅导是尽快、正确掌握无人机航拍技术的捷径。现在国内有很多正规的无人机培训机构，参加培训班可以接受相对正规、系统的训练，还可以学到无人机的综合知识。当然，这需要一定的时间和费用。请有经验的朋友和专业人士临时指导一下也是可以的，但是作为初学者，应该知道无人机航拍技术是一项系统的知识体系，不是通过一两次简单的指导就可以完全掌握的。

（3）必要的安全措施：每一次训练都要充分预估飞行环境的安全性，在障碍、穿孔、拐角及狭窄航线飞行训练时，一定安装防护罩或采取有效的防护措施，防止机器损坏或伤人。有条件的飞行训练场地可设置安全网（丝网）、海绵垫、充气垫等设施，并将其设置合理的高度，确保人员和设备安全。

螺旋桨保护罩

无人机的螺旋桨在高速旋转的情况下是十分危险的，必要时应当为其装上螺旋桨保护罩。

第三章 | 无人机静态图片拍摄

　　相对于人们习以为常的平视角度，无人机可以把视角延伸到空中。鸟瞰大地，从不同的角度审视我们生活的这片土地上的人和景，一切都显得那么不同。不仅于此，无人机还给摄影师提供了更加广泛、灵活的运动范围。无人机在空中运动，比一般的徒步拍摄更加自由。

　　通过无人机的监控视察，数百米之外的影像如在眼前。这种摄影师在原地不动，而通过无人机飞行、观看、取景、拍摄的过程，使得摄影本身变成了一种妙不可言的体验。

　　在江苏泰州溱湖湿地公园举行的溱潼会船节上，摄影师操作无人机飞到湖面的正上方，拍摄到这一群船汇聚的盛景。无人机 20 多米的飞行高度，在场面和细节上取得了平衡，突破了地面拍摄的限制。

《溱潼会船甲天下》摄于江苏泰州姜堰溱湖湿地公园（作者：汤德宏）

《大美溱湖》摄于江苏泰州姜堰溱湖风景区（作者：陆平）

一、无人机摄影的特点

相对于传统摄影，无人机摄影有一些自己的技术特点。

（1）清晰度高、视角广：大疆 Mavic 2 Pro 的镜头为等效 28mm　F2.8 的哈苏镜头，对焦范围为 1m 到无穷远，配备了 1 英寸 2000 万像素 CMOS 传感器。1 英寸传感器在无人机摄影中有逐渐推广之势，其尺寸和索尼黑卡系列相机一样大，拍照的画质大大提升。

（2）突出图案、线条构图：由于无人机摄影大部分采用俯拍的角度，特别适合表现有图案感、线条感的构图。

（3）机动灵活、便于携带：随着无人机技术的发展，用于航拍的无人机在外形设计上越来越轻便，大多采用折叠设计，尽可能地减轻摄影师的负重。在实际拍摄中，限于地形或拍摄条件的限制，很多角度人力难以达到，而放飞一架无人机，则可以获得更多、更富变化的拍摄视角。

《万吨巨轮下水》摄于江苏泰州高港（作者：汤德宏）

总的来说，高画质、便携化、智能化是无人机摄影的技术发展方向。无人机摄影逐渐推广，给我们展示了更多综合地理、资源信息，让我们看到了不同视角下的自然地理、人类活动的状况。"欲穷千里目，更上一层楼。"过去，摄影师为了获得更高的视角，想出了各种办法。无论是攀登高楼大厦，还是乘坐各种航空工具，都不如无人机成本低廉，机动灵活。有人把无人机比作"插上翅膀的照相机"，十分形象。

《万亩荷塘引客来》摄于江苏兴化万亩荷塘景区（作者：汤德宏）

当前，我国经济和文化建设迅速发展，城乡面貌日新月异，适合无人机摄影表现的题材丰富多彩。摄影人掌握无人机技术，用空中镜头记录时代的发展和变化，既是科技发展带给摄影人的最新机遇，也是时代赋予的使命。

《冬景如画天泉湖》摄于江苏盱眙天泉湖景区（作者：汤德宏）

二、无人机摄影机位的选择

摄影机位就是摄影镜头相对于被摄主体的空间位置，通常用方位、高度和距离三个维度来表示，人们也习惯于用景别和拍摄角度来表示摄影机位。与传统摄影的机位一样，无人机也拥有正拍、侧拍、俯拍方位以及全景、中景、近景等景别。

无人机的机位选择就是在拍摄时无人机在空中摆放的位置。对静态摄影来说，通过控制无人机完成取景后，应当把无人机航拍镜头指向被摄主体，无人机保持悬停，然后按下快门。现在用于航拍的无人机，通过 GPS 或视觉定位系统，定位悬停的能力都比较强，极大地降低了选择机位的难度。但在一些特殊拍摄场合，需要操控无人机在姿态模式下完成机位选择，无人机的操控难度加大，需要操控者有更加熟练的技术才能完成。

无人机拍摄时，通常都会距离地面一定的高度，形成俯视的效果，而传统设备需要达到这样的效果必须借助大型摇臂或者搭建更高的拍摄机位才能做到，因此无人机在高角度俯拍机位有着无与伦比的优势，另外无人机镜头大多数都是广角镜头，更加适合从空中俯拍面积很大的物体，例如壮丽的自然风景和大型建筑等。

《采菱忙》摄于江苏泰州秋雪湖景区（作者：汤德宏）

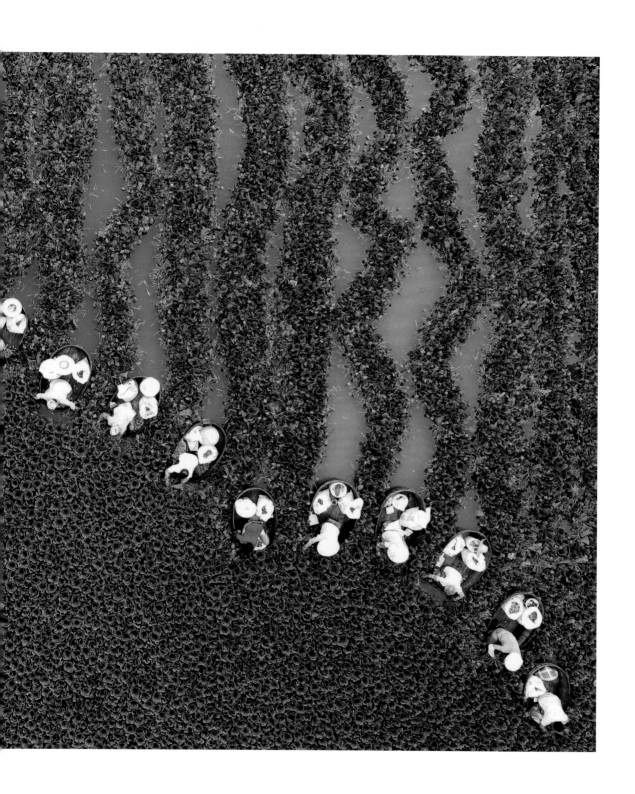

《俯瞰花博园》摄于江苏泰州（作者：黄布华）

《田园牧歌》摄于江苏泰州（作者：黄布华）

三、无人机摄影的用光

　　摄影是用光的艺术，拍摄对象有了光的照射才会产生明暗的层次、线条和色调。无人机摄影要拍出精彩的照片首先要学会寻找、捕捉优美的光线。以无人机摄影常见的题材——风光摄影为例，风景主要以太阳作为光源。

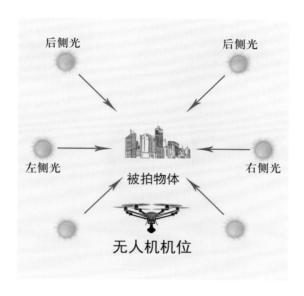

《身披彩霞》摄于江苏兴化（作者：黄布华）

太阳的光线富于变化，拍摄时首先要了解光线的性质和强弱，才能灵活运用。观察太阳在一天中的变化，以及太阳光线与被摄主体的位置关系。光线可以分为正光（顺光）、逆光（背光）、侧光（斜光）、高光（顶光）等，下面谈谈这几种光线在无人机摄影中的应用。

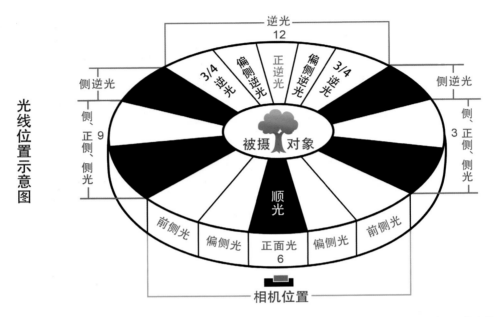

以从相机后方射来的光源为例，根据相机、光源和被摄主体不同的位置光系，可以划分为多种不同的光线

1. 正光（顺光）

用正光拍摄景物，可使主体景物颜色鲜艳，呈现光亮鲜明的气氛。但正光照射主体景物过于平正，缺乏明暗之分，容易使主体景物和背景色调相混淆起来。在航拍时运用正光，如果主体景物和背景颜色有明显的区别，互相对照，效果较好。正光对景物照射不能充分显示出景物中的层次，色调对比和明暗线条的反差也不够丰富，因此立体效果比较差。

顺光示意图

上午 9:25 顺光《高原之上江南景》摄于甘肃省张掖市黑河湿地（作者：季春红）

上午 10:00 顺光，《黑河湿地》摄于甘肃省张掖（作者：季春红）

2. 侧光

在侧光的照射条件下，景物自然就会产生阴影。有了阴影，就有明暗的线条，使得景物有了立体的感觉。因此侧光有助于突出景物的立体形状和质感，衬托的主体很突出，这是侧光光线的优点。在拍摄时要注意阴暗部分色调的深浅，在曝光时尽可能兼顾明暗，使得暗部细节充分保留，亮部也不至于因过曝而失去层次。

侧光是这几种光线中最能表现层次、线条的光线，也是最适宜拍摄风景片的光线。侧光层次分明，使景物有立体感和丰富的阶调。侧光和侧逆光最能表现景物的质感、层次影调和深远度，同时又能勾画出清晰的轮廓线，使前后景层次分明，又善于表达空间和气氛。

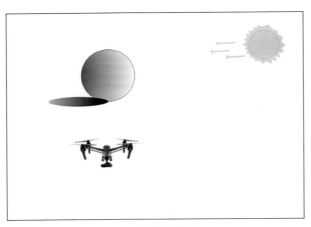

侧光示意图

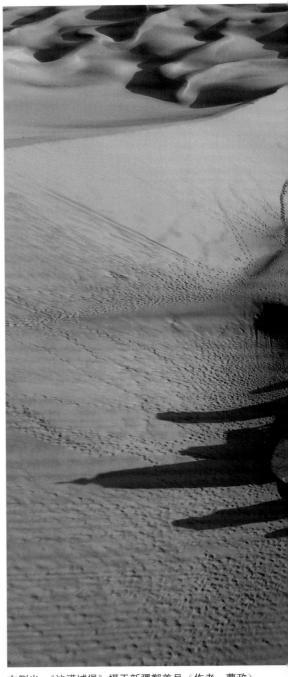

右侧光，《沙漠城堡》摄于新疆鄯善县（作者：曹政）

3. 逆光

逆光是一种具有艺术魅力和较强表现力的光照，它能使画面产生完全不同于我们肉眼在现场所见到的实际光线的艺术效果。

第一，能够增强被摄物体的质感。

特别是拍摄透明或半透明的物体，如花卉、植物枝叶等，逆光为最佳光线。另外，使同一画面中的透光物体与不透光物体之间亮度差明显拉大，明暗相对，大大增强了画面的艺术效果。

第二，能够增强氛围的渲染性。

特别是在风光摄影中的早晨和傍晚，采用低角度、大逆光的光影造型手段，逆射的光线会勾画出红霞如染、云海蒸腾，山峦、村落、林木如墨，如果再加上薄雾、轻舟、飞鸟，相互衬托起来，在视觉和心灵上就会引发出深深的共鸣，使作品的内涵更深，意境更高，韵味更浓。

下午 14:00 正逆光，《油田钻井》摄于黑龙江省大庆（作者：季春红）

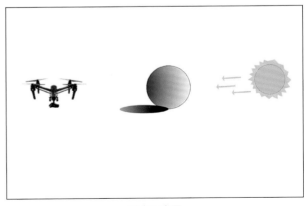

逆光示意图

第三，能够增强视觉冲击力。

在逆光拍摄中，由于暗部比例增大，相当部分细节被阴影所掩盖，被摄体以简洁的线条或很少的受光面积突现在画面之中，这种大光比、高反差给人以强烈的视觉冲击，从而产生较强的艺术造型效果。

第四，能够增强画面的纵深感。

特别是早晨或傍晚在逆光下拍摄，由于空气中介质状况的不同，使色彩构成发生了远近不同的变化：前景暗，背景亮；前景色彩饱和度高，背景色彩饱和度低，从而造成整个画面由远及近，色彩由淡而浓，由亮而暗，形成了微妙的空间纵深感。

4. 侧逆光

侧逆光来自照相机的斜前方（左前方或者右前方），与镜头光轴构成 120°～150° 夹角的照明光线叫作侧逆光。侧逆光普遍都是作为轮廓光来使用的，具有很强空间感，画面调子丰富，生动活泼。

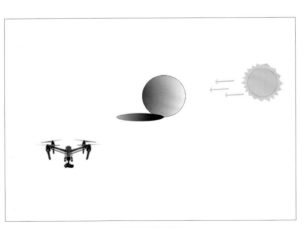

侧逆光示意图

上午 9:39 侧逆光，《高原之上江南景》摄于甘肃省张掖市黑河湿地（作者：季春红）

四、无人机摄影的构图

无人机摄影在进行构图的时候，可以在传统摄影构图法则的基础上，结合无人机摄影题材的特点加以灵活运用。

对于非垂直视角的航拍作品而言，往往它们由两部分构成——天空及地面，很容易就能凭借常识分辨出两者，借此对于作品的构图及画面有一个大概的认识。但对于垂直视角的作品而言，只有一个部分——地面或者海面。垂直拍摄的作品由于和人们通常的观看角度不同，因此，构图务必要保持简洁大方，才能使读者尽快了解画面形式。

通过观察地面上是否有明显的纹理曲线，比如错落有致的田埂或者梯田、河流道路上的 S 曲线，就是完美的例子。有序的纹理，地面与农作物鲜明的色彩对比，都是构成优秀垂直角度航拍作品的好素材。

无人机摄影在某种意义上，相当于把相机的镜头和快门控制分开几十米甚至几百米。通过遥控器的监控器就相当于通过取景器进行取景构图。要想拍出信息丰富，又有美感的优秀作品，讲究构图很有必要。

《悠悠稻河情》摄于江苏泰州稻河古街（作者：黄布华）

1. 均衡式构图

均衡式构图就是把构图主体置于画面的一边，同时在画面的另一边安排适当元素进行平衡。这类构图在无人机摄影中适合表现空旷的场面，给人以稳定、满足的感觉，画面结构完美，安排巧妙，对应而平衡。如《东夷小镇》这幅作品，小岛和船只相互映衬，平衡，烘托出日出美景。

均衡式构图示意

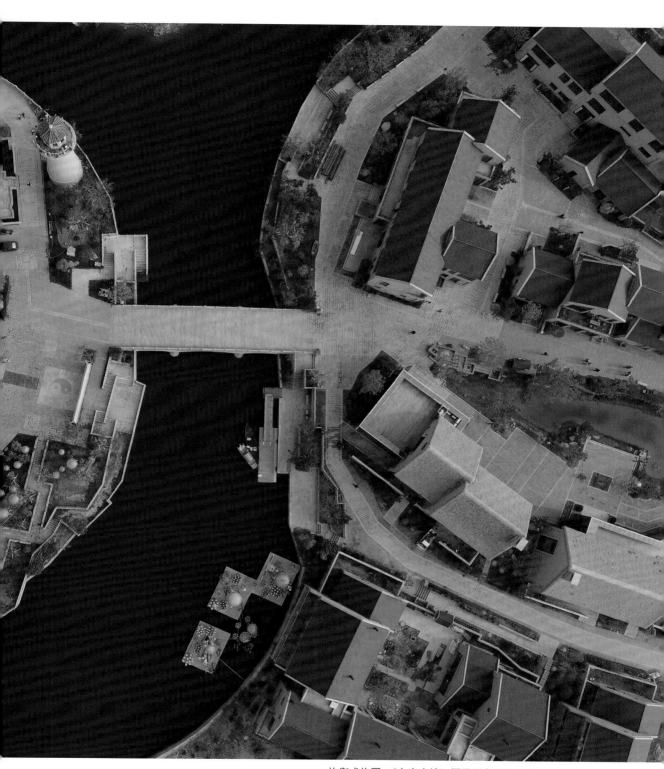

均衡式构图，《东夷小镇》摄于山东日照（作者：季春红）

2. 对称式构图

和均衡式构图主次分明不同，对称构图往往两个部分所占比例平均且对称，用得好会增强画面的气势和趣味性，用得不好会使画面显得死板。对称式构图常用于表现建筑等。

对称式构图示意

对称式构图，《张家界大峡谷》摄于湖南省张家界武陵源景区（作者：邵颖）

3. 对角线构图

　　把主体安排在对角线上，能有效利用画面对角线的长度，同时也能使陪体与主体发生直接关系。富于动感，显得活泼，容易产生线条的汇聚趋势，吸引人的视线，达到突出主体的效果。

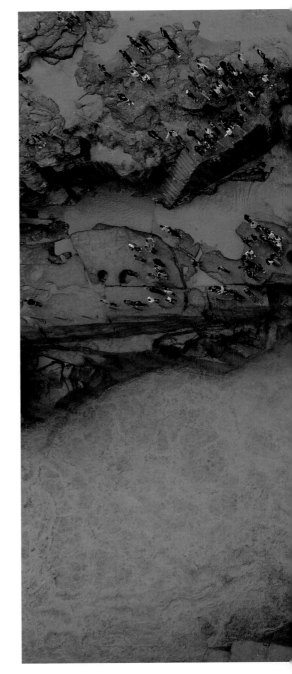

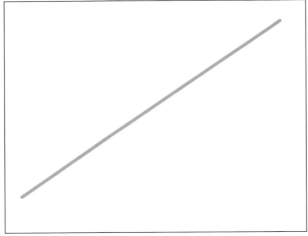

对角线构图示意

对角线构图，《壶口瀑布》摄于黄河壶口瀑布（作者：季春红）

对角线构图，《草原风电》摄于河北张家口（作者：季春红）

4. X 形构图

线条、影调按 X 形布局，透视感强，有利于把人们视线由四周引向中心，或景物具有从中心向四周逐渐放大的特点。常用于建筑、大桥、公路、田野等题材。

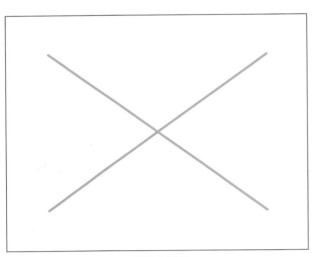

X 形构图示意

X 形构图，《千垛花海》摄于江苏兴化千垛菜花景区（作者：汤德宏）

X 形构图，《京张高速》摄于北京延庆（作者：季春红）

X 形构图，《苏北灌溉总渠水上交通枢纽》摄于江苏淮安（作者：张和生）

5. 三角形构图

　　利用三角形的稳定原理，在画面中形成三个视觉中心；或者利用画面的线条、图案构成一个稳定的三角形。这种构图具有安定、均衡、灵活等特点。

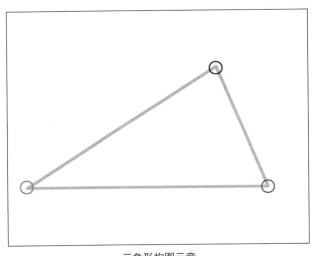

三角形构图示意

三角形构图，《捕鱼者》摄于山东日照（作者：季春红）

三角形构图,《奔腾》摄于内蒙古坝上草原(作者:黄布华)

6. S 形构图

　　画面上的景物呈 S 形曲线，具有延长、变化的特点，使人看上去有韵律感，产生优美、雅致、协调的感觉。当需要采用曲线形式表现被摄体时，应首先想到使用 S 形构图。常用于河流、溪水、曲径、小路等。

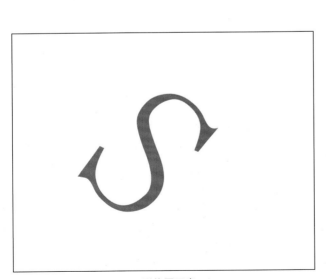

S 形构图示意

S 形构图，《泗渡河大桥》摄于沪渝西高速公路（作者：文林）

S 形构图，《洪泽湖大堤》摄于江苏淮安（作者：季春红）

7. 九宫格构图

　　将被摄主体或重要景物放在"九宫格"交叉点的位置上。"井"字的四个交叉点就是主体的最佳位置。一般认为，右上方的交叉点最为理想，其次为右下方的交叉点。但也不是一成不变的。这种构图格式比较符合人们的视觉习惯，使主体自然成为视觉中心，具有突出主体，并使画面趋向均衡的特点。

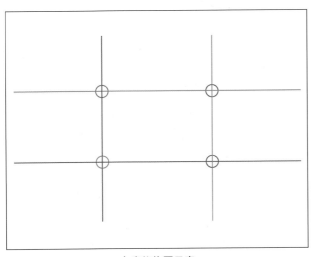

九宫格构图示意

九宫格构图，《油田湿地》摄于黑龙江大庆（作者：季春红）

8. 向心式构图

　　是指主体四周景物呈朝中心集中的构图形式，能将人的视线强烈引向主体中心，并起到聚集的作用，具有突出主体的鲜明特点。

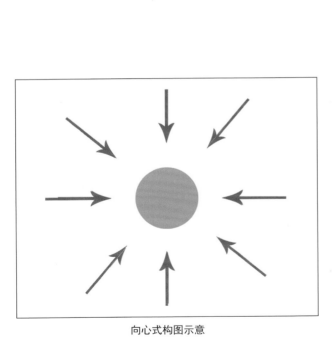

向心式构图示意

向心式构图，《非遗编织》摄于浙江杭州（作者：徐晖）

向心式构图，《闹元宵》摄于湖北宜昌（作者：张国荣）

9. 散点式构图

散点式构图是指将一定数量的被摄体重复散布在画面的构图方法。这种方法通过相同的景物在画面中重复出现,使画面具有一种视觉上的节奏感,同时也能展现出画面的气势。

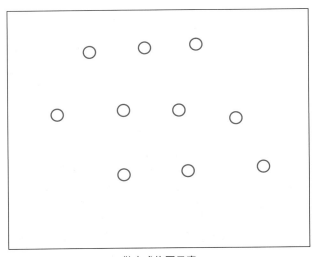

散点式构图示意

散点式构图，《天泉湖冬韵》摄于江苏盱眙（作者：汤德宏）

散点式构图，《大汉塘秋韵》摄于安徽庐江（作者：谷习长）

10. 对分式构图

将画面左右或上下一分为二的比例，形成左右呼应或上下呼应，表现出空间比较宽阔。其中画面的一部分是主体，另一部分是陪体。常用于表现人物、运动、风景、建筑等题材。

对分式构图，《山水如画》摄于西藏林芝波密 318 国道边（作者：王亚东）

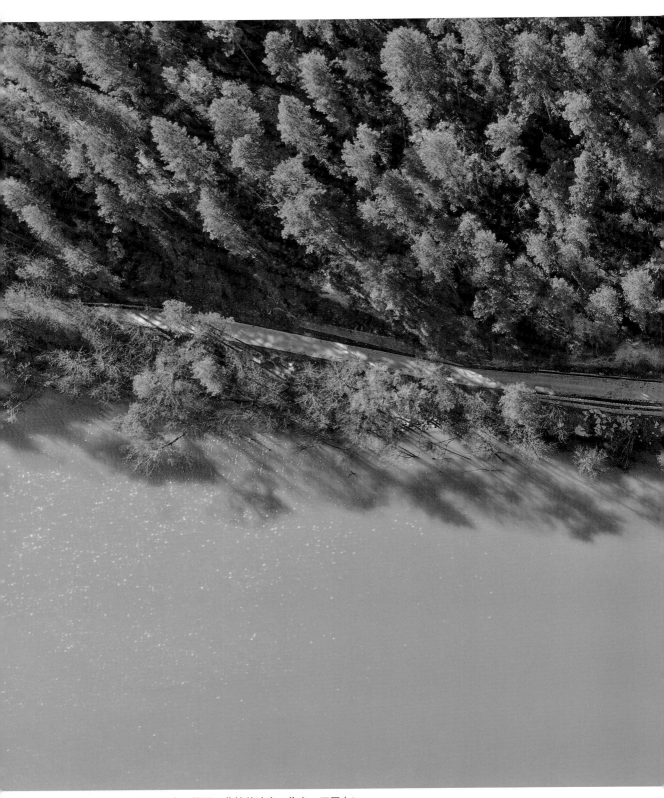

对分式构图，《光影魅力》摄于西藏林芝波密（作者：王亚东）

五、无人机摄影与天气

天气是影响无人机摄影的重要因素。不同的天气情况，不仅会影响无人机的飞行，还会影响拍摄。

能见度

无人机在高空航拍，镜头离拍摄对象经常有几百米，因此空气的能见度至关重要。在大多数情况下，应当尽量挑选晴朗、空气通透的天气进行拍摄。养成在拍摄前关注天气预报的好习惯。当然有时候你的拍摄主题是雾霾等特殊题材，那是例外。

高温与严寒

高温或低温天气都会影响无人机的一些功能组件，特别是电池。在炎热的天气，切忌飞行太久。在两次飞行之间，必须给无人机一定的时间，使无人机得到充分的休息和降温。无人机依靠电机的高速运转产生升力，这种高速运动也会连带产生大量的热量。炎热的天气会进一步加剧电机的升温，电机过热在一些极端情况下甚至可能会融化一些零部件和线缆，从而引发危险。

《金灿灿的稻谷》摄于江苏泰州秋雪湖景区（作者：黄布华）

寒冷的天气会大大降低电池的效率，因此在使用过程中需要密切关注电池的情况。在极寒条件下使用无人机，保温是最为重要的工作，如果没有保温措施，无人机的续航时间将直线下降。在电池保温箱中保存电池是不错的选择。如果没有条件，也要在使用电池前进行适当升温。如果气温在零度或零上 5 度左右时，也可以事先不做保温工作，在无人机起飞后悬停 1 分钟左右，让电池自加热进行预热再进行飞行任务。

　　除了电池以外，人员和无人机其他部件的保温也很重要。无人机的桨叶在严寒中也会变得脆弱，在使用前一定仔细检查。

《大美溱湖冬景 1》摄于江苏泰州姜堰溱湖风景区（作者：陆平）

雾

无人机对于湿度也非常敏感，在大雾中飞行，无人机表面也会变得非常潮湿。就像阴天并不意味着你不会被晒伤，大雾也并不意味着无人机不会进水。那么如何判断雾是否大到影响飞行呢？我们可以通过目视的方式，通常来说，如果能见度小于0.5英里（800米左右），那么就可以称之为大雾，不适宜无人机飞行。

除去大雾，空气湿度也是一项可能影响无人机正常工作的天气情况。空气湿度太大，会使无人机的表面凝结非常多的水汽。对于无人机这类精密的电子产品，水汽一旦渗入内部，非常可能腐蚀内部电子元器件。特别是南方春夏时节，空气湿度非常高。当空气湿度的数值接近100%时，即使不下雨，无人机的表面也会凝结非常多的水汽。对于无人机这类精密的电子产品，水汽一旦渗入内部，非常可能腐蚀内部电子元器件。所以使用后，除了简单的擦拭外，还要做好干燥除湿的保养，可以将无人机放置到电子防潮箱中，或者将无人机与干燥剂放于密封箱中进行干燥保养。

凤城河晨韵》摄于江苏泰州凤城河景区（作者：汤德宏）

《大美溱湖冬景2》摄于江苏泰州姜堰溱湖风景区（作者：陆平）

云

有些低云无人机是可以进行穿云航拍的，由此呈现的朦胧飘逸之美也令人惊艳。但是云层过厚，我们就不能实时监测到无人机的动向，具有一定的危险性。所以要时刻观察无人机的动向，确保信号良好，随时注意返航确保飞行安全。

风与气流

在大风的情况下，无人机为了保持姿态和飞行，会耗费更多的电量，续航时间会缩短，飞行稳定性也会大幅度下降。要注意最大风速不要超过无人机的最大飞行速度，对于大疆精灵4而言，是36公里/小时，对于大疆Inspire，则是49公里/小时。

我们还应该知道，风速是多变的，这一秒风速只有20公里/小时，下一刻却也可能狂风大作。有时候飞手会抱怨，在低空飞行，安静无风，稍稍升高一些，风速却大了许多。每次飞行时我们要对风力进行评估以保证安全飞行和拍摄图像的清晰度。

不适合无人机航拍的天气

无人机应当尽量避免在恶劣天气中起飞，比如降雨、降雪、冰雹等天气。这一点是显而易见的，需要注意的是，即使准备起飞时只有零星的小雨点，也不能冒险起飞。如在飞行过程中遇到雨云天气，也要注意返航，等天气转晴再起飞。当风力超过五级时，一般也是不适合无人机航拍的。

在出行前要查看天气预报，留意其中的降水概率和降水强度。

六、注意事项

1. 养成良好的起飞习惯

无人机航拍的最大优点之一是灵活机动，在高空中很方便变换位置和视角，因此拍一个目标场景不一定需要在目标所在地起飞。起飞地点应寻找人少、空旷、上空无树枝电线等阻碍物的场地，飞行目的地尽量处于拍摄者视距之内。

起飞时首先把无人机从地面垂直上升到六、七十米以上。在这个高度，除了特高楼、大型烟囱、高压塔等，一般地面建构物已经不会成为飞行的障碍。

这时可以将云台相机角度调为水平，然后360度环视一圈，以确定四周无障碍物，然后再往高空目的地飞行。城市拍摄在高楼楼顶起飞为佳。在满足上述起飞点要求情况下，尽量选择靠近拍摄目标的地点，同时考虑符拍摄的光线方向，原则是以最短的时间飞行到达目的范围。

尤其要注意的是，绝对不能在机场、军事区和其他所有严令禁飞的特殊地区起飞。

《茅山会船 百舸争流》摄于江苏兴化茅山（作者：汤德宏）

2. 学会打破常规

　　无人机航拍和常规摄影一样，也存在这样一个"误区"：别人拍什么，我也拍什么。

　　实际上，无人机航拍最不应该有这样一个误区。为什么向往天空，不就是因为有更为丰富的拍摄题材和不一样的视角吗？因此，在熟练地掌握无人机的操控技术的基础上，应当尽可能地寻找独特的题材和视角，拍摄与其他人截然不同的风景。

《乡村如画》摄于湖南洞口县罗溪瑶族乡（作者：滕治中）

3. 精彩不一定在高处

怎么让无人机突破限制，飞得更高，也是热门话题。许多新手开飞的时候，也总想一飞冲天。然而精彩真就不一定在高处。请注意，飞得越高，单个景物成像越小，细节越不清晰。

摄影人中流传着一句话，"拍得不够好，是因为你离得不够近"。这张《溱潼会船》就是在低空拍摄的。我们可以把能够精确操作的无人机想象成一个小摇臂，然而运动轨迹相较于摇臂而言更加自由灵活，不再被摇臂束缚。

《溱潼会船》摄于江苏泰州姜堰溱湖风景区（作者：汤德宏）

要突出拍摄的主体，使画面非常具有冲击力和视觉效果，需要我们根据拍摄内容尽量低空拍摄，努力减少各种晃动，调整各种因素，让拍摄更加顺利。

不同的高度，其呈现景象的特点也有所不同。从 20 米到 100 米的高度，无人机适合表现一定的场景和细节相结合的画面；从 100 米到 200 米的范围，平时无法看到的建筑结构之美会被展现得淋漓尽致；从 200 米往上，一次震撼的活动大全景以及周边的环境已经可以完全被展现了。在这个高度拍摄城市建筑群，就会非常壮观。但是飞得高并不值得炫耀，那是飞机本身的硬件实力，和飞手本身没有直接的关系。

在完全熟悉航拍之前，不要盲目地让无人机飞高。在无人机达到适当的高度后，不再拨动上升的拨杆，转而专心控制云台的方向和机身的位置，这样就能避免拍摄出没有主体、模糊混沌的作品。

4. 时刻关注天气

无人机摄影和天气密切相关，因此我们建议每次在制定拍摄计划时，都要充分考虑到天气的影响，提前关注航拍地点的温度、风力、日出日落时间等信息。

第四章 ｜ 无人机视频拍摄

和静态照片强调"决定性瞬间"不同，视频拍摄要用连续的镜头来讲述故事。在很多社交媒体中，无人机摄影爱好者们热衷于分享他们拍摄的短视频，有的虽然只有十几秒，但是天空视角却给人非同一般的视频享受。掌握了无人机的操作方法以后，还要学习一定的视频拍摄知识，学会怎么用连续的镜头讲故事，才能拍出如电影一样美丽的画面。

一、制定拍摄计划

首先我们要明确准备拍摄的画面要表达一个什么意思，明确拍摄的目的，并且根据这一目标制定拍摄计划。有的时候拍摄团队会提供一个"脚本"，飞手应该提前看好脚本，把需要拍摄的内容在脑海里过一遍，用怎样的镜头运动能更好地叙述故事的发展。要注意的是，拍画面和讲故事是两码事。拍画面飞手只要把画面拍得美美的就好了；讲故事的话，镜头运动和拍摄方法对于所要表达的内容十分重要。所以我们在航拍之前和过程中，要熟读脚本，了解故事的思想，用合适的方法去表达故事的内容。

有时候无人机拍摄是单兵作战，自己又不会写脚本。这样的话，至少我们应当在脑海也大致有个计划，规划我们拍摄的内容。

镜头不是越远越好，越广越好，而是要知道被拍摄的主体周围有联系的事物是哪些，避开没有关联的杂物。比如我们要拍摄某个村庄中一个小男孩的故事。首先我们可以交代这个村落，用无人机镜头告诉观众这个村落是在哪，是在河边还是山下，是在郊区还是在悬崖。如果故事要介绍到汽车开进村落，那在镜头中就应该出现公路，起到承上启下的效果。接下来可以用更多的细节讲述主体内容，比如村落中的人群在忙碌些什么；飞过人群，把无人机的镜头拉近，一个小男孩从屋里走出来……这样故事的发生就开始了。

想要用无人机拍电影，就要去了解电影的架构，镜头之间的衔接。故事发生的内容怎样用镜头去表达和阐述。也可以先把自己要拍的东西写下来。这样做是十分有必要而且有益的，否则要就是发现无人机电池不够用了，要么就是到家才发现遗漏了重要的镜头。

以之前提到的村子中小男孩的故事的开场为例，我们的脚本内容可以包括：

（1）景、平飞、雄伟壮丽的山峰下坐落着一个平凡的村落。

（2）景、俯冲、村落里人群流动。

（3）景、移镜头从上往下、一个小孩从屋里走出来。

（4）特写、固定镜头、小孩走出来打了一个哈气，揉了揉眼睛。

（5）景、跟随镜头、小孩沿着街道跑起来了。

（6）景、跟随镜头、街道一直蔓延到河边，河边还有一群小孩。

接下来，小孩去找另外一群小孩是一起玩闹呢，还是准备去庙会看戏呢，故事可以越写越多。

二、无人机视频拍摄常用技巧

现在的航拍无人机基本都是单人操作，这对飞手提出了更高的要求，既要控制飞行，同时还要控制云台和快门。以下是无人机拍摄视频的常见动作，通过反复练习，达到飞机、云台和镜头自如的配合，是拍出优秀视频素材的关键。

1. 平视直线飞行

调整镜头水平，保持和无人机的机头同向，操作飞行器沿直线向前或向后飞行，同时录制视频。这是最基础、最简单的招式，但是在交代很多场景时仍然十分有用。

《昭苏大草原花海》摄于新疆昭苏（作者：汤德宏）

2. 俯视直线飞行

根据拍摄主体和无人机的位置关系，调整镜头俯视，保持直线向前或向后飞行。由于无人机的位置通常都比我们要拍摄的主体位置更高，这种方法更为常用。在实际操作中，可以灵活外得镜头和拍摄主体的位置关系，有时候镜头需要和机头的方向成一定角度进行平视或俯视，然后保持直线飞行。

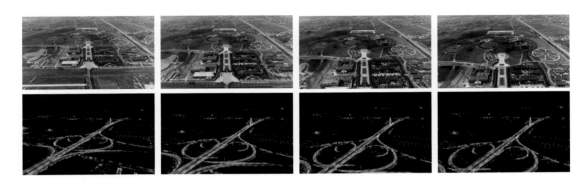

3. 镜头垂直地面直线飞行

调整镜头与地面垂直，然后保持直线飞行。镜头垂直于地面可以获得非同一般的视觉冲击力，特别适合图案线条明显的场景。

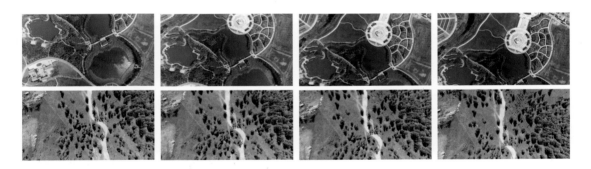

4. 一直向前逐渐拉高的航线

飞行器先以较低高度向前飞行，接近被拍摄物体时逐渐拉高飞行器，从物体上方飞过。无人机在做这一动作时，云台有两种操作方法：一种是保持和机身位置关系不变，随着机身的拉升，无人机的镜头转向其他拍摄主体，比如天空；另外一种是在逐渐拉高的同时，转动拨轮调整云台保持镜头仍然指向原主体，直到最大角度。此时调整云台需要保持平稳匀速，且与飞机拉升的速度一致。在实际应用中，两种效果不同，视拍摄需要而定。

向前逐渐拉高的航线

《雅丹地貌》摄于新疆哈密（作者：茅志勇）

5.镜头定向机身横移飞行

调整镜头至适当角度并且保持其与机身的关系不变，操作无人机向左或右方向横向平稳、缓慢飞行。

这一动作适合表现纵向排列的景物，比如从河的一岸飞到另一岸，从镜头中体会从岸到水，再到岸的变化。

飞行器和相机在横移时保持姿态和高度不变

《银杏秋韵1》摄于江苏江都水利枢纽银杏大道（作者：黄布华）

6. 镜头垂直螺旋上升

调整镜头与地面垂直，在原地操作无人机一边缓慢旋转，一边上升。这一动作的要点是匀速、缓慢，而且不要做任何平移运动。

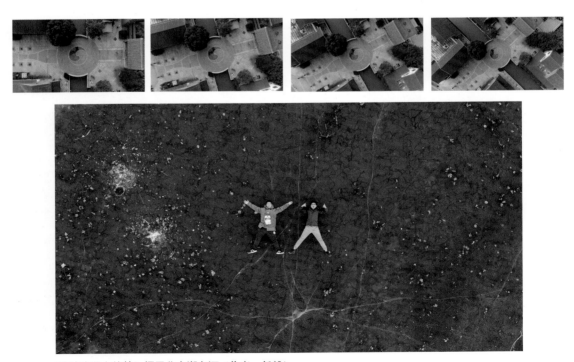

《当冰冻遇上航拍》摄于北京潮白河（作者：任毅）

以上是无人机在拍摄视频时常用的基础动作，在熟练掌握无人机和云台配合的技巧后，可以把一些动作组合起加以运用，进行更加复杂的飞行拍摄。

7. 镜头定向横移 + 拉高飞行

调整好镜头后保持镜头和机身的关系不变，在横移时逐渐拉升高度。这时候双手的动作需要互相协调，右手推杆控制飞行器左右横向平稳移动，左手推杆稳定、缓慢地向前推控制飞行器拉升（以美国手为例）。

《唐甸庙会》摄于江苏泰州（作者：黄布华）

8. 镜头定向斜向前 + 拉高飞行

无人机机身和镜头保持姿态不变，在向斜前方运动的同时拉升高度。操作时注意右边的推杆向上右前方45度角度推进，并同时前推左杆，操控无人机向斜前方运动，并逐渐拉高。

《唐甸庙会》摄于江苏泰州（作者：黄布华）

9. 镜头定向斜后方拉高 + 后退

操作右杆向右下（或左下）45度角度推动，并同时操作左杆向前推，飞行器开始向斜后方拉高并后退。

《银杏秋韵2》摄于江苏江都水利枢纽（作者：黄布华）

10. 目标点环绕

操作无人机围绕拍摄主体飞行，同时镜头始终指向拍摄主体，并将其保持在画面中央的位置。以美国手为例：如果逆时针环绕主体时，两手推杆同时向外推，顺时针时向内推。注意控制推杆的幅度两手需要协调一致，可以通过多次练习逐渐掌握。一些最新机型，集成了"兴趣点环绕"这一功能，无疑大大降低了操作难度。目标点环绕时，无人机的飞行范围会非常大，需要提前观察好线路，确保没有障碍。

《唐甸庙会》摄于江苏泰州（作者：黄布华）

11. 追随

操作无人机追随拍摄主体的运动轨迹进行拍摄。这种方法特别适合拍摄移动的物体，如行驶的汽车、船只或运动的人物、动物。依靠手动完成追随需要非常熟练的技巧，最新的航拍无人机一般设计了自动追随的功能。通过锁定拍摄对象后，启动该功能无人机即可跟随目标完成拍摄。

《奔腾》摄于北京密云（作者：任毅）

12. 多种动作组合

根据现场的拍摄需要，把多种动作组合起来加以运用，比如向前＋环绕、向前＋转身180度＋后退、侧身向前＋转身＋侧身后退、后退＋拉高等。总之，动作需要根据拍摄要求和现场的环境进行设计，动作难度越大，就更加熟练的飞行技巧和一定的客观环境配合。千万不要忘记在飞行的过程中，遵守安全第一的原则！

《唐甸庙会》摄于江苏泰州（作者：黄布华）

三、无人机视频素材整理

无人机在天空中的时间有限，应该尽可能多地采集素材。同一处景物，要尝试从多个不同的角度和航线去拍摄，以便在后期制作的过程中有更多选择。

现在的航拍无人机，普遍具备4K清晰度的视频拍摄能力。一个架次的飞行就可能积累几个G的视频素材。养成及时整理素材的好习惯，即使当天拍摄的素材不会马上被用到，也应该进行分类，标注时间、地点等关键词，以便将来使用。否则素材越积越多，仅靠预览的方式来挑选素材，就太费时间了。

四、注意事项

无人机拍摄视频和图片，有相通之处，也有不同。这里有几点注意事项进行提示：

1. 注意风速

一般来说，高空的风速会比地面大。和照片只要一个瞬间不同，视频由连续的画面组成。风速过大，会造成云台抖动，这样拍摄到的画面是没有办法使用的。因此，关注风速的影响在无人机视频拍摄中非常重要。

2. 缓慢平稳飞行

当无人机全速飞行或突然刹车时，机身容易颠簸和倾斜。在这种情况下拍摄的画面几乎是无法使用的。因此，在使用无人机航拍过程中，要平缓飞行、稳定拍摄。操控者应该充分熟悉推杆和拨轮的力道，通过平滑的操作来完成动作。

3. 熟悉拍摄地环境

在使用无人机航拍前，要预先勘察拍摄地点的地形、地貌和天气情况。要通过无人机限飞区域地图了解当地的限飞情况，最好实地熟悉拍摄场地，判断拍摄地周围的障碍物问题，比如附近的树木、电线、建筑和其他障碍物等分布情况。

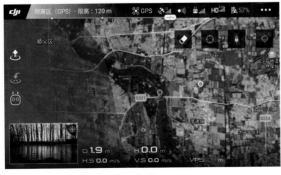

上图标注出某地无人机的限高区

《喀喇昆仑公路》摄于巴基斯坦（作者：任毅）

4. 挑选合适的飞行时段

确定了时间和地点以后，要根据现场情况和拍摄需要确定飞行时段。比如为了追求日出、日落美妙的光线，可以安排早、晚两次飞行。一些城市的场景，要尽可能挑选无人或人少时飞行。

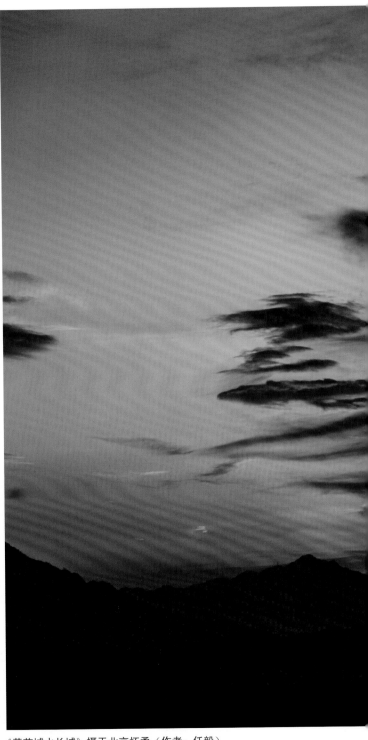

《黄花城水长城》摄于北京怀柔（作者：任毅）

第五章 | 无人机摄影常见题材

一、乡村拍摄

乡村题材接地气、贴近生活、富有人文情怀，能拍出好作品。在广袤的乡村田野上，既有春的播种、夏的耕耘、秋的收获、冬的乐趣，又有乡村集市、现代农业、新农村建设的新面貌、新气象，这些都为无人机提供了极为丰富的航拍素材。

从实战角度来讲，由于不同地区的乡村规模、气候条件、地理环境、海拔高度、建筑风格、居住方式等方面存在一定差异性。具体拍摄时需要区别对待，尽可能把具有地域特点的元素纳入航拍范畴，使得作品具有独一无二的区域识别性。

这里所指的特点主要包括乡村的季节环境、地域特征、建筑形态和民族服装等。通过这些特征，让人能够识别所拍村庄的春夏秋冬，了解它是在平原还是山区，是水乡还是高原；是青瓦白墙、斗拱飞檐、小桥流水的江南水乡；还是有蒙古包、玛尼堆的草原；是汉族地区还是少数民族地区。

《乡村快车道》摄于重庆万盛（作者：曹永龙）

《皇城相府鸟瞰》摄于山西晋城阳城县（作者：黄布华）

二、城市航拍

　　随着无人机航拍的大量使用，一些城市先后制定了相关管控条例。鉴于此，航拍前需要从当地政府官网先行查阅目标城市的限飞区域，了解城市规划，熟悉地标建筑、城市公园，以及名胜景区的所在位置，特殊建筑、地标的最高参数，以便做好航线规划。

　　拍摄一幅极具现代感的城市图片，地标性建筑是必不可少的内容。近年来，中国的城市建设和发展进入了一个最鼎盛的时期，高速铁路、立体交通、现代建筑、都市园林、旧城改造、生态建设等内容，都为城市航拍提供了丰富多元的素材。

　　一般情况下，城市航拍不宜飞得太高，要避免简单枯燥的素材堆积。尤其是在一些建设中的区域，更要躲开那些干扰画面构成的元素，如裸露的地面、杂乱无章的堆积物，不规则的道路等。尽可能地锁定一个区域的重点建筑，并以此为中心，稍微增加点城市背景，有针对性的表达城市规划的特殊风格，建筑设计的艺术魅力。

《拔地而起的新区》摄于江苏泰州医药城东方小镇（作者：黄布华）

日出和日落前一个小时内，是城市航拍的最佳时机。此时，光线照射的角度比较低，光影效果明显，整体照度反差较小，有利于城市建筑肌理、细节和天空层次的兼顾表现，这也就通常所说的曝光宽容度（EV值）的控制。此时间段内，光线整体色调偏暖，增加了城市航拍的影调效果。

《宜居之地》摄于江苏泰州医药城东方小镇（作者：黄布华）

三、山区航拍

　　山地风光是无人机大显身手的绝佳舞台。随着飞行高度和视角的抬升，连绵起伏的山脉，高耸入云的气势扑面而来，以往看不到的山川河流全貌尽收眼底。在国内外很多影视拍摄中，无人机航拍已经成为最经济、高效的影像采集手段。

《五彩丹霞》摄于甘肃张掖（作者：季春红）

山区起飞要点

山区航拍最大的挑战主要来自瞬间的气候变化和 GPS 的信号丢失。受地形影响，山区气象变化快，气流紊乱，风的变化迅速。尤其在山谷、山脊及山顶附近最为明显。云低多雾也是山区的一个特点。在湿度较大的山谷中，清晨会弥漫着较多的低云和薄雾，随着气温的升高，低云会快速反升而淹没周边的山峰，这些都给无人机航拍带来一定的挑战。

《云雾大港》摄于江苏连云港（作者：樊豹声）

在重峦叠嶂的山区，由于山脉起伏遮掩会削弱 GPS 信号，这一点在山谷地带更为严重。因此，在 GPS 增稳没有开启的状态下，最好不要起飞。需要注意的是，即便是在 GPS 增稳的前提下飞行，也可能会出现 GPS 信号丢失。遇到这种情况，无人机将自动进入"姿态模式"即在空中悬停。此时，容易受上升气流和山风影响，导致航线偏离甚至发生撞机危险。这就需要操控者根据当时的飞行高度，离起飞点的距离，迅速判断电池的续航时间，决定是原地坐等信号恢复，还是调整所在位置朝着无人机的方向或者到开阔的地方接收信号。

在实际操作中，往往高空飞行时的 GPS 信号会比低空飞行时更好一些。但从节能续航的角度考虑，应尽量避免盲目爬升，保证 GPS 信号在 8~10 颗星以上即可。右图拍摄时海拔飞行高度为 1918.153 m。

《张掖七彩丹霞地貌》摄于甘肃张掖（作者：汤德宏）

目前，无人机地面站基本都有 GPS 自动返航的功能，大多无人机在出厂时都采用了默认设置。这里所说的自动返航有两种情况，一种是基于飞机 GPS 信号丢失，另一种是电池使用量达到了预设返航的参数。不管出现哪一种情况，飞机都会按照默认的高度自动返回起飞地点。但由于不同地形、建筑、电线杆等地上物标高不同，默认设置里的返航高度不一定满足飞行条件，容易造成碰撞事故，因此需要重新调整飞控设置。

《南靖土楼》摄于福建漳州（作者：季春红）

《黄河乾坤湾峡谷》摄于陕西延川县（作者：季春红）

返航高度的设置没有固定参数，可根据飞行区域的环境来决定。在城市高楼密集区域，可设为楼层（h×3.5）＋15 米的高度。对一些无法统计楼层的建筑可以直接用无人机起飞至楼顶，并在现有的参数上加 15 米。预留的高度，是为了避免飞机在返航途中受风力等因素的干扰与楼房发生碰撞。同样，在农

《海上兵马俑》摄于福建漳州镇海角古火山口（作者：季春红）

村地区拍摄更要预防和树木、电线电杆等地上物体发生碰撞。需要警惕的是，即便设置返航高度，也不能保证百分百的安全。尤其在山谷间曲线飞行时，自动返航的危险系数将增大，使用需更加谨慎小心。

如果自动返航关闭，飞机电池的电量控制就显得非常重要。对新手来讲，当电池续航能力降低到50%时，最好把无人机控制在可视范围内以便随时返航。尤其是在山谷等地形复杂、气象条件变化快的飞行区域。千万不要等无人机电池低电量报警了再返航，更不能让飞机绕到视线障碍后面，否则一旦遇

《湖州茶山》摄于浙江湖州（作者：季春红）

到信号丢失等突发情况就很危险。为保险起见，开展特殊区块的飞行最好是二人组合，保证一个人监控飞机，一个人操作拍摄画面。

《喀什卡拉库里湖》摄于新疆喀什帕米尔高原（作者：汤德宏）

　　与其他摄影方式相比，无人机最大的优点就是视角独特，操控灵敏，能够在飞行爬升中，进行360度即时拍摄。目前，大多数无人机的飞行海拔能够达到6000米，飞行半径最远达到8000米，能够满足500米以下不同高度的航拍需求。然而，从画面质量考虑并不是所有的题材飞得越高越好。一方面飞得太高，画面质量会受空气透明度的影响而下降；另一方面，飞得太高的航拍画面基本属于肌理构成，主体相对分散，细节呈现较弱。

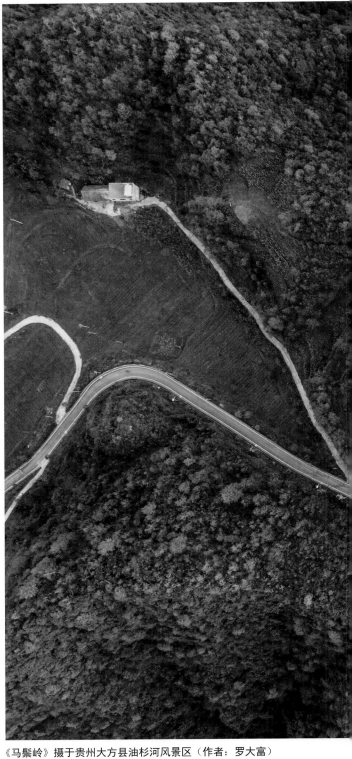

《马鬃岭》摄于贵州大方县油杉河风景区（作者：罗大富）

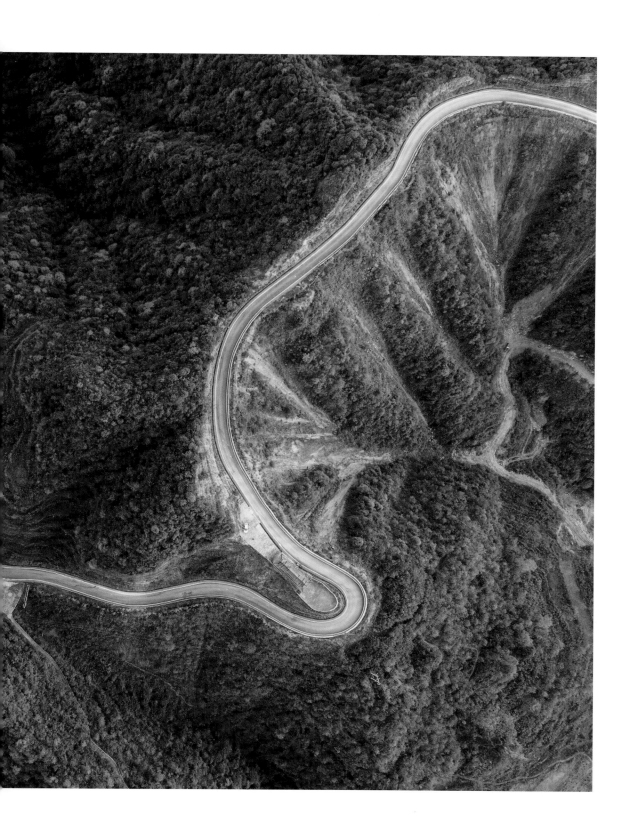

尝试用不同的飞行高度进行航拍，会有意想不到的惊喜。超低空飞行有助于突出主体强化细节。无人机离地面 10 米至 30 米时，不仅能看到村庄的规模还能看到更多的生活细节。此时适合用平视的角度拍摄绿荫环绕的村庄，袅袅升起的炊烟、村民忙碌的身影等。当无人机爬升到 150 米高空时，画面更侧重于展现地形地貌，如茂密的树林、放射状的公路，此时更适合垂直俯拍。

《张家界玻璃栈道》摄于湖南张家界（作者：邵颖）

四、水面航拍

　　江河湖海等水面航拍是最有趣味性的一个题材，随着无人机的爬升和角度的变化，平静的水面会出现不同程度反光。在镜面反射的作用下，天空，水岸的绿植、山峰、楼群等都会像镜子一样呈现在水面之中，增加了画面的艺术韵味。

　　不过，水面反光带来的耀斑有时也会干扰画面的平衡，此时可用滤镜加以过滤。使用偏振镜（CPL）主要用于消除水面反光，增加画面对比，让色彩更饱和。光谱滤镜如天光镜（SL）可用于消除水面上的紫外线，有助于色彩正常还原。

　　还有一种就是渐变镜，它是一种由深色彩逐渐变为浅色彩的变密镜。因为色彩深浅不一样，吸收光谱规模和光量也不一样。主要用于压低太空亮度，缩小天空光与水面的光比，平衡画面反差。当然，如果是刻意追求艺术效果，还有更多型号的滤镜可以选择。关于滤镜的使用是一个比较系统的领域，这里就不再一一赘述。

《渔蚌生态混养》摄于江苏泰州姜堰区桥头镇（作者：顾祥忠）

航拍水面时间的选择

与单反相机比，无人机航拍器曝光宽容度相对较小，对光比较大的场景综合表现能力较弱，尤其是暗部表现。早晚航拍水面，由于太阳入射角度偏低，水面反光较弱，此次画面整体偏暗，细节表现较差且会出现噪点。白天航拍的优势在于因水面的镜面反射会增加水面的层次和细节，此时航拍效果较好。

《引江河枢纽》摄于江苏泰州引江河枢纽工程（作者：茅志勇）

在开阔的水面进行航拍时，场景变化较小，遇到此种情况，最好是飞完一个镜头转一次场。切忌在空中停留时间过长，或进行远距离大跨度的巡航拍摄。以避免飞机电池续航能力的严重消耗和突发的信号丢失同时发生导致坠机。

五、夜景拍摄

夜间飞行进行航拍首要的问题是飞行安全。例如城市夜景航拍，光线较暗，受此影响肉眼很难看到诸如电线、建筑工地塔架、城市楼宇等飞行障碍物。虽然无人机有避障功能，但对线性、镂空物体识别性较弱，很难避免撞机事故发生。所以，在航拍城市夜景前，拍摄者需要在白天观测好飞行路线。也可以通过激光笔对天空进行照射探查，以激光束会是否被切断，来判断障碍物的位置，做到合理避让。

中国城市光源分布卫星图

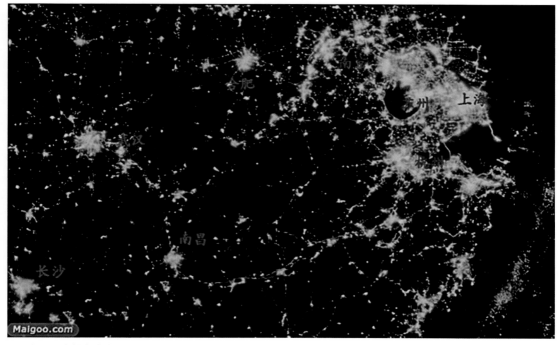
长三角卫星实拍夜晚亮化图

除了上述飞行障碍物外，提前了解拍摄区域是否信号干扰源，也是夜航拍摄的一项重要工作。比如城市中的联通、移动、广播电视等信号发射基站，这些都会影响无人机的信号接收，干扰飞行控制。遇此情况，除了调整无人机无线电波信号传输频率外，需要远离干扰源，选择远离街道和建筑，到空间更广视野开阔的地方作为起飞点。

《光影》摄于江苏泰州凤城河景区（作者：黄布华）

善用地图 + 平台。灯火阑珊、车水马龙、建筑轮廓尽显城市活力，而这些信息可以通过无人机的控制界面里的地图，打开卫星模式轻松获取。

　　全黑环境下城市航拍，天空、楼群等缺乏层次和细节表现，使得画面显得非常生硬，缺乏一种灵动感。同时，由于低照度调高的感光度，也会增加画面的噪点。为了达到较好的影像效果，可将无人机调整为三脚架模式，相机设置为手动模式（M 档），通过调节快门速度和光圈大小来控制曝光量。

《新城夜色》摄于山东枣庄（作者：洪晓东）

三脚架模式＋手动曝光既可以降低感光度和噪点，又可以让道路上的车辆灯光形成有规则的线条，增加画面的韵律。如果采用全自动（P 档）拍摄，可通过增加或减少 EV 值来控制曝光，调节的效果可依据显示器进行判断。若高光部分太亮，可减少 EV 值，反之则增加 EV 值。

通常来讲，日落后的 40 分钟，此时天空深蓝，层次丰富，航拍机能够捕捉更多的明暗细节。既展现了城市的流光溢彩，又很好地保留了天空的层次，彻底解决了噪点偏高，反差过大、天空死黑等问题。

《中海油之夜》摄于江苏泰州高港（作者：黄布华）

《千户苗寨夜色美》摄于贵州凯里（作者：周家志）

小贴士：

（1）严格按照相关规定飞行。

（2）远离人群到开阔地带起飞。

（3）检查电量、GPS 信号、返航高度以及返航点是否设置与刷新等飞控列表状态。

（4）起飞与降落时尾灯对着自己。

相机模式设定

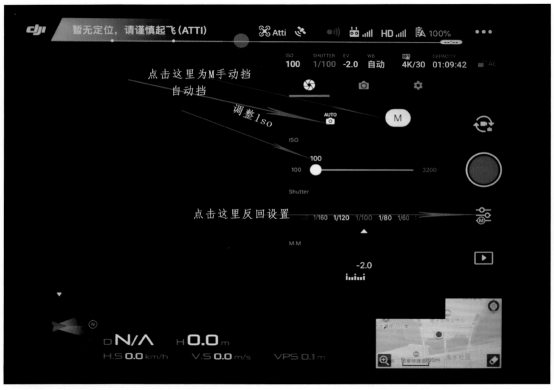

光圈设置：F/2.8-11（光圈不可调的机型不用设置）

ISO 设置：目前，大多无人机航拍器的 ISO 都达到了 3200 左右，最高的达到了 12800，为夜间航拍提供了强大的技术支撑。但是 ISO 设置过高画面噪点会增多，画质较差。

EV 值设置：大多数无人机航拍相机是通过 EV 值来调节快门速度。EV 值越大快门速度越低，相机获得的曝光量就越多，画面越亮。较低的快门速度对飞机稳定器要求高。

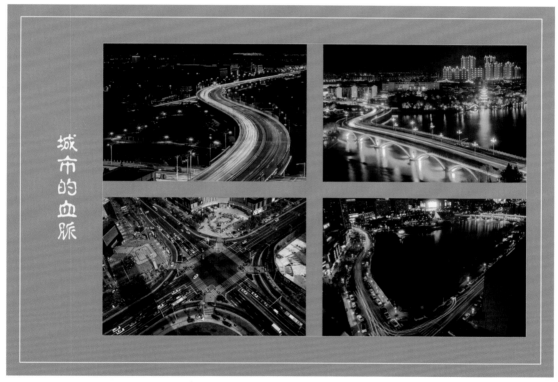

《城市的血脉》摄于江苏泰州（作者：黄布华）

手动模式拍摄

机型	大疆FC6310
原始日期/时间	2018/6/19 19:43
快门速度	0.5秒
光圈值	F/2.8
ISO 感光度	200
曝光模式	手动
测光模式	侧重中央平均
闪光灯	未闪光
焦距	8.8毫米
白平衡	自动

《里运河夜色》摄于江苏淮安（作者：曹政）

自动模式拍摄

型号	FC330
原始日期/时间	2016/6/12 19:21:17
快门速度值	1/5 s
光圈值	f/2.8
ISO 速率	ISO 800
曝光补偿值	1.00 eV
测光模式	中央加权平均
闪光	无闪光功能
焦距	3.61 mm
白平衡	自动白平衡

《三水湾夜景》摄于江苏泰州凤城河景区（作者：黄布华）

目前，小型无人机的航拍相机快门曝光时长控制有一定的局限，长时间曝光难以实现。实践中，夜间拍摄的相机光圈全开（F2.8），曝光时间也要2~3秒，甚至更长。以大疆精灵3A为例，最长的曝光时间可设置到5秒，但受风速的影响较大。悬停拍摄时，无人机会因风速过大产生漂移，严重影响照片拍摄的清晰度。

照片格式：为确保画面质量，最好选用RAW+JPG存储格式，调整留足空间。

白平衡：由于夜晚灯光复杂照相机ABW自动白平衡效果不理想，可选择手动调节。色彩选择普通；风格选标准。长时间曝光时，需要在姿态模式下进行。可拍摄前关闭飞机前臂灯，避免画面受到机身的光污染。

《水上光伏》摄于江苏兴化（作者：丁兆华）

善用 HDR 和连拍功能：夜间拍摄光比太大，照顾了高光区域的曝光，暗部细节就会丢失；照顾了暗部细节，亮光部分就会曝光过度。用 HDR 连拍分别用不同的曝光度从低到高拍摄三张或更多的图片，再在相机或者 Photoshop 合成为一张照片。这样的好处在于高光部分不过曝，暗部细节还能保留。

夜景拍摄安全要点：

1. 控制好飞行高度、距离要尽量缩短，避免干扰。大城市信号干扰源多，如果出现信号持续微弱，或者连续出现失控返航的情况发生，需要特别小心。

2. 白天观察好地形，提前规划航线，做到心中有数。尤其是要规避电线、电杆等夜间飞行不易判断的障碍。

《望海楼夜色》摄于江苏泰州凤城河景区（作者：黄布华）

3. 选择远离人群、空间大一点的广场起飞。避免飞到高楼等建筑屏障后面造成信号隔断。如遇情况，需要立即拉升无人机飞行高度快速恢复传输信号。

《古城中秋夜》摄于湖北襄阳（作者：杨东）

4. 要选择能见度高，无风或者弱风天气拍摄，使得飞行安全和画面清晰度能够同时兼顾。

5. 在转场和换角度过程中，需要停稳后再进行拍摄，对重要的画面和场景可多拍几张，确保有一张相对清晰的作品可选，切忌在运动中按动快门。

《运河之夜》摄于北京通州（作者：赵冰）

6.降落小技巧。夜间航拍降落时，可用灯光和自动返航提供降落的安全性。一是在降落前开启前臂灯，方便无人机邻近降落点时确认其位置。二是通过一键自动返航设置回收无人机。当无人机达到返航点上空，能听到电机和螺旋桨声音时，再取消自动返航转为手动降落。不过，自动返航前要考虑到返航高度和前面所说的地形地貌，避免飞行事故发生。

《春晨》摄于江苏泰州姜堰溱湖风景区（作者：陆平）

夜景航拍照片最常见的问题主要表现在欠曝或过曝而导致画面模糊、照片光污染严重且噪点多、构图杂乱主题不清，上述问题可从以下几个方面逐一解决。

1. 关闭前臂灯

打开 DJI GO App 点击高级设置，把"打开前臂灯"一栏关闭。拍摄夜景时打开前臂灯，将会出现红色的光污染，影响画面质量。

关闭前臂灯后，需要根据 DJI GO App 右下角的箭头来辨别飞行器的前后左右方向，也可以打开前臂灯飞到拍摄目标上空再关闭。虽然操控起来比较烦琐，但对于新手来说，是保证飞行安全和画面干净、通透都能兼顾的好办法。

DJI GO App 点击高级设置，把"打开前臂灯"一栏关闭

2. 风速评估

以大疆为例，在夜拍飞行时，时刻留意 DJI GO App 左下角的水平仪。蓝色水平晃动越厉害，代表空中风速越大。这里需要注意的是，不要拿地面的风速和空中的风向、风速进行比较行程误判。

总体来说，无人机的夜间飞行和拍摄还是有一定风险的。尤其是初学者需要花更多的时间去掌握理论基础，熟悉了解航拍器的控制系统的各种功能，细致地安排执飞计划。具体飞行时，一定要慢点飞，谨慎飞、有想法地飞，切忌盲目地贪图求高求远。

《献给母亲的哈达》摄于四川若尔盖九曲黄河第一湾景区（作者：黄布华）

六、拍摄动物

　　无人机 GPS 定位系统和航拍技术可以为野生动物资源保护与研究提供帮助。自然资源部门和科学家们经常需要跟踪动物个体（它们可能或没有佩戴跟踪项圈）以及更大的生物群，以便更好地了解研究它们的习性和迁徙繁衍的生活状况。无人机的使用让他们方便地从远方观察栖息地和动物。需要提醒的是，非动物研究人员拍摄鸟类和动物时，不得干扰它们的正常生活，避免其遭受惊吓。

《万马奔腾》摄于新疆昭苏大草原（作者：汤德宏）

七、新闻航拍

随着无人机航拍技术的高速发展，以及无人机拍摄的独特视角和便利优势，越来越多的新闻单位、摄影记者将无人机运用到新闻摄影报道中。大型活动或者重大新闻事件现场经常有无人机的身影，比如 2015 年的天津大爆炸，很多震撼人心的照片都是通过无人机航拍获得的。2018年中国新闻摄影奖的《龙腾港珠澳》《人退鹿进八千亩》也是无人机航拍图片。无人机已然成为新闻摄影领域的重要拍摄手段。

中国新闻奖获奖航拍组照《龙腾港珠澳》之一，摄于港珠澳大桥青州航道桥"中国结"（作者：林桂炎）

中国新闻奖获奖航拍组照《龙腾港珠澳》之二，摄于港珠澳大桥东人工岛（作者：林桂炎）

《人退鹿进八千亩》中国新闻奖获奖航拍图片，摄于石首天鹅洲麋鹿国家级自然保护区（作者：柯皓）

现场安全

新闻现场尤其是重大事件发生时，往往会伴随着环境复杂，人员密集，不可控因素多，增加了低空飞行风险系数。这就需要操控者掌握更多的设备使用方法和安全注意事项。如果无人机的操控者没经过正规培训或者不能熟练掌握无人机的操作知识，很容易在现场引发飞行事故，甚至威胁到人身安全。

除了提高无人机在新闻现场飞行风险的自我防范，许多大型活动的主办方也会根据现场条件，设置无人禁飞区域。此种情况下必须尊重官方规定，不可逾越禁区，除非获得相关部门的特别许可。

从安全角度考虑，无人机初学者尽量避免在大型活动、赛事现场或人员密集的区域飞行，以免因操作不当或意外撞击造成严重事故。

中国新闻奖获奖航拍组照《龙腾港珠澳》之三，摄于港珠澳大桥直达航道桥（作者：林桂炎）

《溱潼会船开幕式》摄于江苏泰州姜堰溱湖风景区（作者：汤德宏）

视角获取

无人机摄影在拍摄重大事件中最重要的优势在于视角独特。

在轻型无人机出现之前，摄影师只能借助升降云梯或者较高的楼层，或者借助载人直升机，获得较高的视角来进行大场面拍摄，这些在一定程度上制约了摄影师的创作构想。无人机技术的进步突破了这一限制，现在的无人机不但飞得高，飞得远，甚至还能根据需要和微单相机一样更换不同的镜头，满足不同现场、不同主题、不同角度的构图需求。

中国新闻奖获奖航拍组照《龙腾港珠澳》之四，摄于港珠澳大桥 E29 沉管安装点（作者：林桂炎）

拍摄时效

　　重大事件发生时，新闻摄影记者需要在最短的时间内拍摄全景、捕捉细节。如果遇到自然灾害、军事冲突等复杂现场，使用无人机航拍，记者只需要在原地进行遥控拍摄，就能及时获得事件现场最真实的影像照片。远距离拍摄为新闻记者节省了更多时间，降低拍摄风险，极大地提高了新闻记者的工作效

《2017 年国际奥委会主席杯全国百城市自行车赛》摄于江苏泰州天德湖公园（作者：汤德宏）

率。目前，很多无人机的操控系统除了自带的遥控器外，还需要在手机或类似设备上安装无人机航拍用的 App。通过这些设备的屏幕实时显示无人机航拍的画面。在某些重要的新闻现场，通过 App 和无线网络还能即时发布航拍图片，增强了新闻传播的时效性。

创新拍摄

　　无论是拍摄日常活动、体育赛事、重大新闻现场，还是拍摄大好河山之类的风光，无人机航拍总能以其独特的视角，更加直观地展现事件主体，以空中之眼传递信息。

　　由于无人机摄影轻便、灵活、控制系统强等特点，给摄影师的航拍和艺术创造提供了无限可能。比如可通过调整无人机飞行高度、飞行距离、相机角度，进行 360 度全景、局部特写、90 度垂直俯摄，以及高速连拍等等。通过无人机拍摄出来的创意照片，可以使原本平面的摄影更加立体化，给人更强烈的视觉冲击，更真实地还原新闻事件现场。

《农耕之韵》摄于江苏淮安（作者：贺敬华）

《四好公路穿山过》摄于湖北恩施佛宝山（作者：文林）

八、拍摄高空作业

理论上的高空作业，是指距基准面 2 米以上（含 2 米）有可能坠落的高处进行作业。例如在铁塔、电杆、建筑外墙、脚手架等各类需要登高的设施上作业，都可称为"高空作业"。以往拍摄高空作业，摄影师只能在地面用长焦距镜头仰视拍摄。如果想要拍摄更近距离的画面，只能与高空作业者一样爬杆登高，危险性大，拍摄过程中极易因坠落而造成伤亡事故。借助无人机摄影，可以更轻松地记录高难度的高空作业者和真实的作业现场。

熟悉环境

一些建筑现场，比较细小的空中线缆在无人机飞控平台上不容易察觉，飞行过程中一旦触碰，很可能造成失控和坠机造成更严重的后果。所以使用无人机拍摄高空作业现场时，一定要提前到现场了解所拍地点周围的环境，确保无人机摄影过程中不会影响高空作业的安全。

高度和距离

拍摄高空作业，需要对无人机的飞行高度和距离非常熟悉。高空拍摄远景时，只需将无人机镜头对准拍摄主体，调整好各项参数和构图，按下快门键即可。近距离拍摄时，特别拍摄高空作业者的特写时，一定要掌握无人机的高度和距离信息，以及判断好风速和风向，切不可因为飞得太近造成人员伤亡。

有些无人机的镜头几乎是超广角，在同等拍摄距离下，被摄人员或物体会显得更小，这种情况下摄影师无法正确判断无人机与被摄人员或物体的真实距离，这就需要对所用无人机的镜头和拍摄画面有足够的了解。

注意大风

无人机在摄影领域的重要优势在于其能够稳定悬停，即使在风速较大的环境下，大多数无人机依然能够拍摄到十分清晰的画面。小型消费级无人机一般都能够在 4 级以下的风速中保持非常好的稳定性，而一些更强大的专业级无人机，甚至能够在 7 级大风下安全飞行。

但是由于无人机的稳定悬停精度有一定的误差范围。在拍摄高空作业时，如果风速太大，操作者将会很难稳定控制无人机的飞行精度。如果飞得太近，容易对高空作业者产生威胁。此时不建议进行无人机拍摄，更不要使无人机太靠近高空作业现场。

《电力蜘蛛人》摄于世界首座交直流合建泰州站配套工程（作者：汤德宏）

    一些复杂的高空拍摄场景，近距离拍摄也可通过对讲机与高空作业人员进行沟通，以确定最近的飞行距离和安全的拍摄位置。以大疆悟1拍摄特高压电网建设为例《蓝天的诗》，就是采用此方法近距离定位拍摄。

    虽然目前的无人机还不能像单反相机那样锁定测光，更不能像单反相机那样用长焦对焦时锁定目标再构图，但在变焦方面却有了很大的改善。2016年10月，大疆发布了支持30倍光变焦的禅思Z30远摄变焦云台相机。2018年大疆又发布了支持4倍光学变焦，其中包括等效24–48mm的光学变焦的新款Mavic 2无人机航拍器。极大地提升了远距离图像采集能力，开辟航拍影像创作全新领域。

第六章 | 图片后期编辑

图片后期编辑，通常是指通过图片处理应用软件，对数码影像的色彩、对比度、清晰度、明暗程度进行管理和调整使影像的还原更真实。除此以外，还可以通过软件对图片进行拼接合成、添加特殊效果、抠图修复等创意性的编辑，使画面的视觉冲击和艺术效果达到最佳。本章以 Adobe Photoshop、Adobe Camera Raw 图片处理应用软件讲解处理和创作。

一、图像设置

这里以 DJI GO 4 App 为例，无人机启动后，在 App 控制界面点击如图所示位置进入拍摄参数设置页面。

点击后在照片格式里面可以选择"RAW""JPEG"和"JPEG + RAW"三种格式，通常我们可以根据需要选择所需格式。

例如此处选择 JPEG + RAW，这样就可以同时拍摄存储这两种照片格式

或者只选择 RAW 格式，可以无损保存照片的全部数据。

设置完成后，再次点击设置按钮或者点击拍摄区域返回操作界面。

数码相机图片存储主要支持 RAW、TIFF 和 JPEG 三种格式。RAW 是一种被称为无损压缩的格式。它可以直接读取和保存传感器（CCD 或者 CMOS）上的原始记录数据，特点在于影像信息丰富、无失真。TIFF 格式是无损压缩，是一种灵活的位图格式，几乎所有的影像处理、版式编排和制图软件都支持，也是适合于打印输出的格式。JPEG 格式是典型的有损压缩格式，其优点在于文件小便于传输和传播。

从高画质影像要求和色彩管理的角度讲，无人机航拍过程中采用 RAW 图片存储格式会更有优势。这是因为相比 JPG，用 RAW 格式进行存储可以保存更多的影像细节，给后期处理预留更多可调整空间。如色彩平衡、曝光度、画面层次、对比度等。还有一种就是 RAW+JPEG 同时存储，兼顾了两者格式各自的优点。

二、色彩空间设定

目前，大多数无人机航拍相机主要依托 Adobe RGB 和 sRGB 进行色彩管理。Adobe RGB 和 sRGB 是两个不同标准定义的颜色，主要区别在于 Adobe RGB 拥有宽广的色彩空间和良好的色彩层次表现，同时还包含了 sRGB 所没有完全覆盖的 CMYK 色彩空间。通俗地讲就是 sRGB 更适合屏幕显示，Adobe ARGB 有更广的色域，更适合打印。

也就是说，若想要获得更广的色域，Adobe RGB 是不错的选择。需要注意的是，这两种色彩管理若同时出现在显示器上，可能会存在一定的色彩差别。比如使用 Adobe RGB 色彩管理，调整时颜色和存储后屏幕显示的颜色会有较大出入。特别是进行网络传播时，这种情况会跟明显。原因在于网页显示通常都是采用 sRGB 进行色彩校正，Adobe RGB 色彩空间的照片，会被自动转换为 sRGB 色彩空间。

从实际运用角度讲，如果航拍图片只是为了网络传播、投影演示之用，拍摄时便可设置 sRGB，这样节约了转换的时间，也避免了转换时造成的色彩损失。反之，要想获得更佳的色彩层次，注重后期出版和印刷的效果，选择 Adobe RGB 较为合适。

《泰州长江油品仓储》摄于江苏泰州高港（作者：黄布华）

三、Camera Raw后期编辑

与胶片时代的摄影师相比，类似于 Adobe Photoshop 中的 Camera Raw 这样的图片处理软件替代了诸如需要物理暗房中完成的冲洗、放大、局部画面增亮或压暗等操作，让数字图片编辑更加得心应手。从图片编辑的角度讲，一幅完美的照片，不仅取决于内容和形式，也取决于前期拍摄影像信息是否足够丰富。大量实践证明利用 RAW 格式本身记录的影像，可以给后期的细节调整带来极大的方便。比如在渐变滤镜等功能的支持下，一些看似过曝的区域，也能还原出色彩与纹理信息。

Camera Raw 界面

需要注意的是 Photoshop 是图像处理软件，Camera Raw 是 Raw 的效果调整软件，两个软件各有所长。Camera Raw 的优点是对画质的损害很少，但功能没有 Photoshop 强大，无法像 Photoshop 那样做出各种各样的效果。

设置 Camera Raw

（1）打开 Photoshop，从工具栏"编辑"选项进入"首选项"，找到"文件处理"点击打开后，点击"Camera Raw 首选项"。

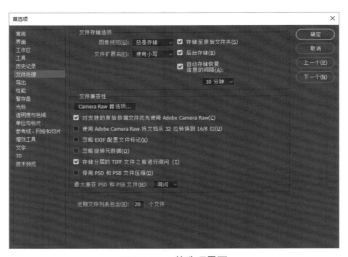

Photoshop 首选项界面

（2）进入 Camera Raw 首选项内容。

Camera Raw 首选项界面

（3）选择"JPEG 和 TIFF 处理"中的"自动打开所有受支持的 JPEG"选项。

Camera Raw 选择处理格式

（4）完成后选择 TIFF 中的"自动打开所有受支持的 TIFF"选项。

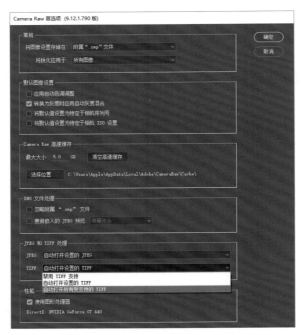

Camera Raw 选择处理格式

（5）点击选择"确定"，选择支持 JPEG 图片的调整，以便对 RawJPEG 在 Camera Raw 进行调整。

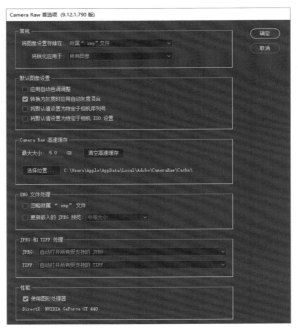

Camera Raw 界面

　　导入 RAW 照片文件，Camera Raw 界面将会自动打开。此时可在 Camera Raw 界面调整照片的曝光、白平衡、色温等，确认效果后再打开 Photoshop 进行细致的效果处理。

四、Camera Raw功能

为了便于看清和理解，Camera Raw 界面左上部分是工具按钮界面，右边是图像参数基本调整界面，分别是"白平衡""色温""色调""曝光""对比度""高光""阴影""白色""黑色""清晰度""自然饱和度"和"饱和度"等参数的调整，下部显示放大倍数，以及工作流程，打开对像是指进入 PS。

Camera Raw 界面按钮

1. 色温、曝光等调整窗口。在工具按钮中第三按钮，是一个白平衡吸取工具，第四个按钮是"目标调整工具"。

2. "色调曲线"调整和"参数"方式调整曲线。

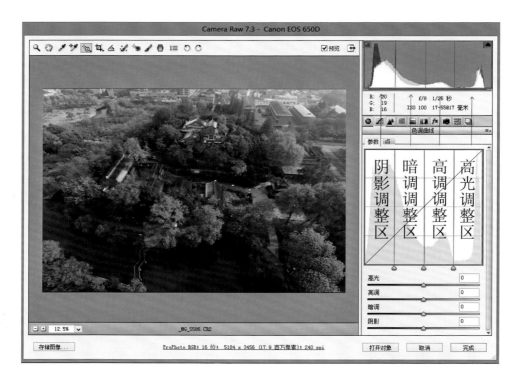

3. 点线控制曲线调整。

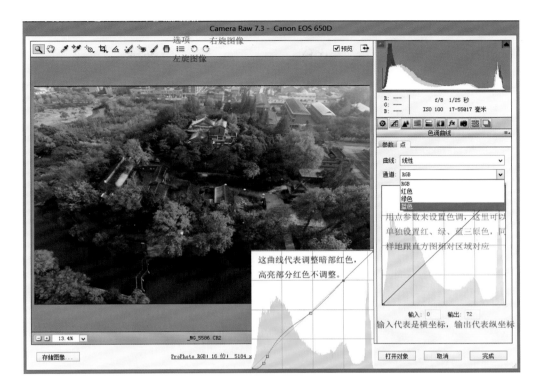

4. "锐化与细节" 调整。

五、使用Camera Raw调整航拍图示例

色温调整

如果前期拍摄色温设定是自动白平衡，在导入 Camera Raw 时可进行重新调节。色温数值越大图像色调偏冷，色温数值越小色调偏暖。具体调节可参照下表:

序号	色温源	色温值（k）
1	蜡烛与火光	1900k以下
2	朝阳和夕阳	2000k
3	钨丝灯	2700k
4	卤素灯	3000k
5	日出后一小时	3500k
6	高压汞灯	3450～3750k
7	下午日光	4000k
8	冷色荧光灯	4000～5000k
9	金属卤化物灯	4000～4600k
10	普通日光灯	4500～6000k
11	夏日正午阳光	5500～7500k
12	阴天	6500～7500k
13	雪天	7000～8500k

冷暖色温的比较。

冷色调图片

暖色调图片

用 Camera Raw 打开图片，以进行色温等基本调整。

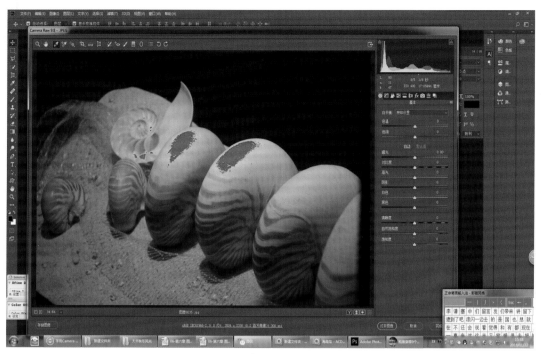

色温原图

彩色航拍图调整一般操作

降低色温和色调，让整体颜色更冷；提高曝光度，加高光，减阴影，让图片整体更明亮；加高对比度，高光、阴影、黑色、白色参数全部拉高，让图片细节尤其是暗部细节更多体现出来；提高清晰度，饱和度和自然饱和度拉高让绿色更鲜嫩。

（1）打开图像进入 Camera Raw

（2）对比度等基础参数调整

调整对比度不超过 50%、需要强烈对比度除外。

（3）高光调整

高光调整、通过降低白色参数使之看不见红色高光的显示。

先调整"黑色"和"曝光"将直方图两端填满，不能有溢出，如高光部分仍无像素，可适当调整"亮度"。进入"色彩曲线"，调整"亮调"和"暗调"如果有溢出，可先忽略然后在 Photoshop 中进行调整。

注意：不宜过度地提饱和度、高清晰度和对比度，以免导致画面失真。清晰度、自然饱和度、饱和度调整参数不宜超过 40%。

在基本中调整对比度、减少高光、阴影、白色、清晰度、自然饱和度、饱和度的调整。

（4）调曲线暗部调整

通过色调曲线增加暗调提高暗部细节。此项操作暗调不宜超过 50%。

降低曲线中的高光、亮调、增加暗调、减少阴影

（5）突出细节

设置锐化栏参数全为 0，减少杂色中的颜色为 50 以上，将颜色细节颜色平滑度设置为 50。

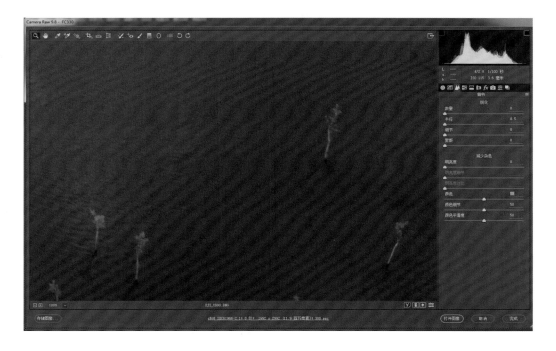

（6）色相调整

调整 HSL/ 灰度中的饱和度、橙色、黄色、等需要调整的色彩，对图中的主体颜色进行调整，强化季节的特征，渲染出秋天的氛围。

（7）明亮度

选择突出的明亮度，边调整边查看色彩的变化，以不失真为前提；调整明亮度、减少红色、增加橙色、减少绿色、浅绿色、蓝色的明亮度。

（8）镜头校正

（9）去除薄雾。点击确定进入 Photoshop CC

选择效果进入 fx，此功能可以去除薄雾，使画面更加通透，调整参数不宜不超过 25%。有些版本较低的 Camera Raw 没有此项功能需要对软件进行升级处理。

进入 Photoshop CC 2018 后点击图像对自动对比度进行点击完成图片的调整工作。

调整后的图片

Camera Raw 复位

如果在调整中感觉不理想需要重新调整，可选择复位 Camera Raw 默认值。

第七章 | 航拍视频的后期编辑

一、无人机视频拍摄基本介绍

本章将对无人机的后期剪辑进行基本讲解，使新接触航拍的人员在学习后，能够掌握最基础的视频非线性编辑能力。

二、视频术语简介

1. 像素

像素（pixel）是图像的最小单位，这些像素点都有一个明确的位置和被分配的色彩数值。每一个点阵图像包含了一定量的像素，这些像素决定图像在屏幕上所呈现的大小。所以，数码影像文件中所包含的像素点越多，其所含的信息量也就越多，文件容量也将越大，图像效果也越好。例如大疆精灵 Phantom 4 Pro 无人机，搭载相机的有效像素为 2000 万。

2. 视频帧速率

简单来说，视频是由静止的画面组成，这些静止的画面被称为帧。帧速率是指每秒钟刷新的帧的数量，也就是指每秒钟能够播放（或者录制）多少张静止图片。每秒钟捕捉的帧数 (FPS) 越多，所显示的动作就会越流畅，获得视频画面也就越逼真、更细腻。尤其在捕捉动态视频的内容时，帧速率数字愈高愈好。也就是说 24 帧每秒的视频会比 16 帧每秒视频质量高。以大疆精灵 Phantom 4 Pro 为例，在 4K 分辨率下，最高可以获得 60 帧 / 秒的帧速率；在 1080P 高清格式下，最高可以达到 120 帧 / 秒的帧速率。

3. 常见视频格式

从传播层面讲，不同的传播路径传播介质对视频格式和文件大小也有一定的要求。比如是在本地播放还是通过网络传播，不同需求下的视频格式对影像存储时的画质压缩、文件大小也有一定的影响。这里将对 AVI、MP4 和 MOV 这三种常用的视频格式做简单介绍。

AVI 格式

AVI 格式是音频视频交错 (Audio Video Interleaved) 的英文缩写，是微软公司专门为 Windows 设计的数字视频文件格式，是视频领域应用时间最长的格式之一。AVI 格式的好处在于兼容性好、调用方便、图像质量好、压缩标准可任意选择、应用范围最广，缺点是占用空间大。

MP4 格式

MP4 视频格式是指使用 MPEG-4 编码标准生成的视频文件格式。MPEG 是 Motion Picture Experts Group 的缩写，该系列标准已成为国际上影响最大的多媒体技术标准，包括了 MPEG-1、MPEG-2、MPEG-4 和 MPEG-H 共 4 种视频编码标准。广泛应用于 VCD 制作的 MPEG-1，能够把一部 120 分钟长的电影压缩到 1.2 GB 左右；MPEG-2 主要应用在 DVD 的制作方面，与 MPEG-1 的编码标准相比，MPEG-2 在画质等方面要好过 MPEG-1 的视频文件，但需要更大的空间来存储；MPEG-4 可以将视频文件大小压缩到 MPEG-1 标准的四分之一左右，并且还能保证不错的画面质量，比较适合于网络传播。MPEG-4 第十部分标准，通常被称为 H.264/AVC，是目前在航拍领域应用最多的视频标准之一。H.264 是国际标准化组织（ISO）和国际电信联盟（ITU）共同提出的继 MPEG-4 之后的新一代数字视频压缩格式，与其他现有的视频编码标准相比，H.264 标准在同等图像质量下的压缩效率比以前的标准（MPEG2）提高了 2 倍左右，这使得无人机无需使用特别昂贵的超高速存储卡也能够拍摄和存储高质量的 4K（4096×2160）分辨率视频。

MPEG-H 是一种新型的编码标准，其中的第二部分标准，通常被称为 H.265/HEVC，是国际电信联盟视频编码专家组（ITU-T VCEG）继 H.264 之后所制定的新的视频编码标准，全称为高效率视频编码 (High Efficiency Video Coding)。H.265 被认为不仅提升视频质量，同时也能达到 H.264/ AVC 两倍的压缩率（等同于同样画面质量下比特率减少了 50%），可支持 4K(4096×2160) 和 8K(8192×4320) 分辨率超高清视频。在相同的图像质量下，相比于 H.264，通过 H.265 编码的视频大小将减少大约 36%~48%。

MOV 格式

MOV 即 QuickTime 影片格式，是 Apple 公司开发的一种音频、视频文件格式，用于存储常用数字媒体类型。目前大多数消费级无人机拍摄的 MOV 格式视频一般采用 H.264/AVC 编码标准压缩，而搭配 SSD 高速存储设备的专业级无人机，则可以使用 Apple ProRes 编码标准保存更高品质的 MOV 格式视频。

三、非线性编辑系统基本操作

1. 线性编辑与非线性编辑

线性编辑指的是磁带编辑等传统非数字编辑。视频生成后要想删除、加长、缩短中间的某一段是十分困难的，除非重新编辑。除此以外，视频素材的顺序也不能随意改变，很不方便。线性编辑就像打字机一样，稿件中间的内容是无法像计算机打字那样方便地插入文字进行修改。

而在非线性编辑软件中，素材的长短和顺序可以灵活调整。操作者可从前向后进行编辑、也可从后向前进行编辑、或分成段落进行编辑。一个镜头的素材能够极方便地直接添加到编辑内容的任意位置，也可将任意位置的素材进行删除，极大地提高了工作效率。

目前，常用的非线性编辑软件主要有 Adobe Premiere Pro、Apple Final Cut Pro 等等。考虑到软件的兼容性与易操作性，这里将围绕 Adobe Premiere Pro 进行重点讲解。

Adobe Premiere Pro 是由 Adobe 公司推出的一款视频编辑软件，它的特点是综合了 LUT 滤镜、轨道设计、Anywhere、音轨混合器、音频加强、云同步、隐藏字幕和集成扩展等功能。

可以与 Adobe 公司推出的其他软件（如 Adobe After Effects）相互协作，有着极高的可拓展性。

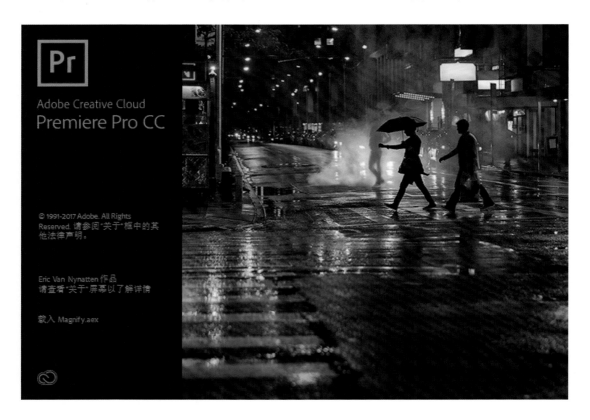

2. 开始编辑视频

打开已经安装好的 Premiere Pro 软件，将进入新建项目界面。

　　如果是对新项目的第一次编辑操作，就直接选择"新建项目"。如果需要打开之前保存的项目，选择"打开项目"即可。选择新建项目之后，进入到"新建项目"界面。在此界面可以依据编辑者实际需要设置项目的名称、保存位置等。

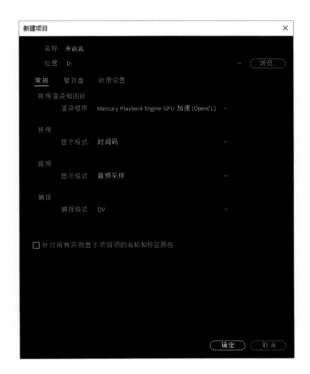

在完成项目参数设置步骤后，点击"确定"，进入 Premiere Pro 工作界面。

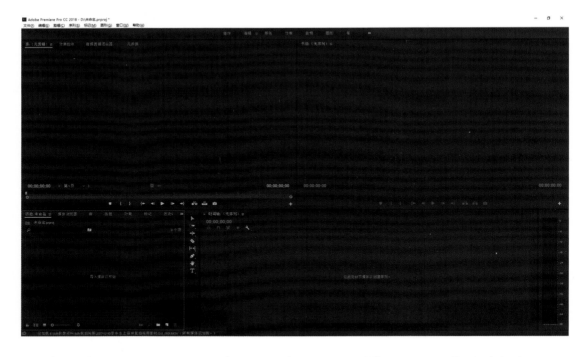

随后依次点击点击"文件" → "新建" → "序列"，或者使用快捷键"Ctrl+N"进入新建序列界面。

进入新建序列界面后，可选择系统预设的视频参数和制式。倘若预设列表中没有需要的视频显示格式，可以在"设置"选项卡中，对所需的视频格式进行自定义设置。

视频的格式需要根据素材的原本格式进行选择。如果想要高质量的视频，开始设置时可把参数调大些。操作者可根据电脑配置、视频用途、播放平台等因素进行衡量。一般来说，1080P格式能基本满足各方面的播放需要，是最常用的视频播放尺寸。

3. Premiere Pro 界面介绍

素材库面板

素材库面板主要用于导入、存放和管理素材。操作者即可以在这里载入视频、音频、图片、字幕等所有需要的素材，也可以根据需要创建不同的"素材箱"进行分别管理方便查看和使用。

时间线面板

在时间线面板窗口中，从左到右所显示的次序即是最终视频播放的时间顺序，它是航拍视频、音频等素材编辑合成、特效制作的主要窗口。

时间线窗口中有视频与音频两种素材轨道。每种轨道可对素材进行添加、删除和上下移动顺序等操作。单击视频轨道前的"切换轨道输出"按钮使其变灰，将会隐藏轨道的素材；单击音频轨道前"切换轨道输出"按钮使其变灰，轨道上的音频素材变成灰色且转为静音模式。

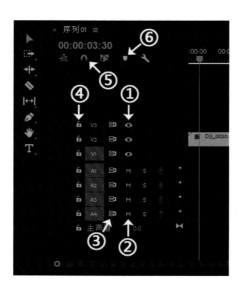

标志①"切换轨道输出"开关（视频）：可以隐藏暂时不用的视频轨道上的素材。点击后轨道颜色变灰，轨道上的素材将被隐藏。

标志②"切换轨道输出"开关（音频）：可以隐藏暂时不用的音频轨道上的内容。点击后轨道颜色变灰，音频素材将被隐藏且转为静音。

标志③"切换同步锁定"开关：同步模式可让各个轨道上的素材同步移动。可以选择全部轨道同步或者部分轨道同步。如果无需同步移动，将轨道前面的同步按钮解锁后就和其他轨道不同步了。

标志④"切换轨道锁定"开关：可以暂时锁定轨道，防止误操作。

标志⑤"对齐"开关：点击对齐按钮，此功能主要是为了区分同一轨道相近的素材。当两个视频素材靠近，就会自动生成一个黑色的边缘对齐线，并自动将素材吸附在一起，使两个素材之间不会交叉覆盖，也不会有缝隙。

标志⑥"添加标记"：在轨道上添加标记点，以供剪辑过程中参照。

监视器窗口

面板监视器窗口分左右两个面板，左侧是"素材源"监视器，主要用于预览或剪裁项目窗口中选定的原始素材。右侧是"节目"监视器，主要用于预览时间线窗口已经在编辑的视频素材，也是最终输出视频效果的预览窗口。

界面布局调整

Premiere Pro 操作界面中各面板的大小和位置均可根据操作者习惯改变大。重新布局的界面，也可以在工具栏菜单中，进行恢复到原始默认的布局（操作流程为选择"窗口"→"工作区"→"重置为保存的布局"菜单命令）。

4. 视频音量大小调整

一个出色的航拍视频，离不开背景音乐的辅助，剪辑过程中声音的调整是极为重要的一部分。在 Premiere Pro 中，声音的剪辑基本与视频相同，调整频率最高的是声音大小调整。具体步骤如下：

（1）双击音频轨道左侧空白部分或者拖拽轨道边缘线，可以展开音频轨道折叠部分，进入音频调整模式。

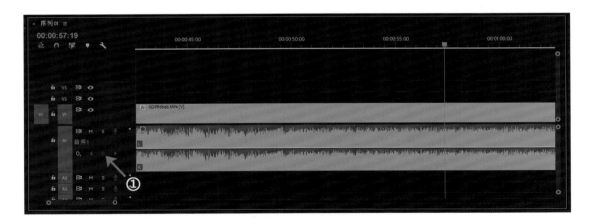

（2）进入音量调整模式后，若要整体调整音量大小，可右击鼠标拖动调节点黄色连线，调整整体音量。

（3）要调整局部音量大小，单击"添加"→"移除关键帧"（上图中的 ①处），在音频轨道上添加关键帧设置调节点，然后直接拖动调节点调整数值。

5. 视频画面大小调整

在拍摄过程中因为各种原因画面往往不能尽如人意，所以需要在后期制作时进行再加工裁剪，以达到最佳的构图。具体步骤如下：

（1）在视频轨道中选中要裁剪的素材。

（2）在"节目"监视器中双击画面，出现调整框。

在视频布局调整界面，我们可以直接对画面进行拉动裁剪与旋转，也可以在"效果控件"面板中对当前视频的"位置""缩放"等参数进行详细调整。

6. 音视频素材的裁剪

在"素材源"监视器时间轨上设置出入点裁剪素材

在"素材源"监视器中对导入素材进行初步筛选的时候，若打算通过裁剪的办法来去除一段素材中的多余部分，可通过在监视器时间轨上设置"入点"与"出点"（快捷键"I""O"）的方法框定所需内容，完成框定的内容在时间条上显示为深蓝色，此时拖动入时间线面板即可。

此种方法多用于素材的粗选，除此之外不常用。

使用剃刀工具裁剪素材

在工具箱面板中选中"剃刀工具"（快捷键C），点击轨道里的片段，点击处即被剪断，原来的整段视频会被分成两段。在未解除音视频链接的情况下，与视频对应的音频片段也会被剪断。按下Shift键的同时点击轨道里的片段，则全部轨道里的音视频片段都在这一时间点被剪断。

7. 为视频添加过渡效果

一般情况下，过渡效果是在同一轨道上的两个相邻视频素材之间使用。当然，也可以单独为一个视频素材添加过渡效果。这时，视频素材与其轨道下方的素材之间进行切换，但是轨道下方的素材只是作为背景使用，并不能被过渡效果所控制。下面以"交叉溶解"效果为例讲解如何添加过渡效果。

（1）在项目窗口中打开"效果"选项卡，点击"视频过渡"文件夹前的小三角按钮，展开视频过渡的子文件夹。

（2）点击"溶解"分类文件夹前的小三角按钮，展开下一级小项。用鼠标左键按住"交叉溶解"，并拖动到时间线窗口需要添加切换的相邻两端素材之间交界处（连接处）再释放。这时，在素材的交界处变为深色，并有"交叉溶解"字样。该深色矩形条与切换的时间长度，以及开始和结束位置对应，表示"交叉溶解"过渡效果被使用。

（3）在过渡效果的区域内拖动编辑线或者按回车键，便可在节目视窗中观看视频过渡特效。

（4）在"效果控件"中，可对过渡效果的各项参数作具体调整。

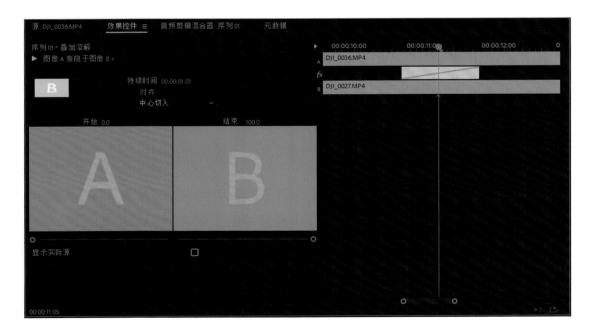

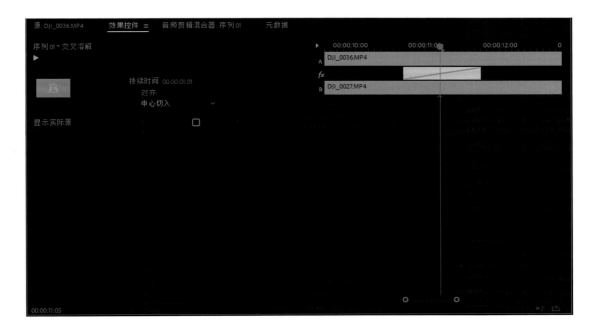

8. 给视频添加字幕

很多影视作品中都需配有字幕,如片头片尾的片名、演职员表、歌词、人物对白、独白和旁白等。在 Premiere Pro 中,有单独的字幕设计窗口。在这个窗口里,可制作出各种常用类型的字幕,既有普通的文本字幕,也有简单的图形字幕。

在 Premiere Pro 中进行字幕编辑的主要工具是标题设计窗口,在该窗口中,能够完成字幕的创建和修饰、运动字幕的制作以及图形字幕的制作等功能。具体操作为在菜单栏中,点击"文件"→"新建"→"旧版标题",会出现新建字幕窗口。

点击"确定"进入字幕编辑界面,可以直接在预览窗口进行字幕编辑,下方为字幕模板,右边为字体属性设置。

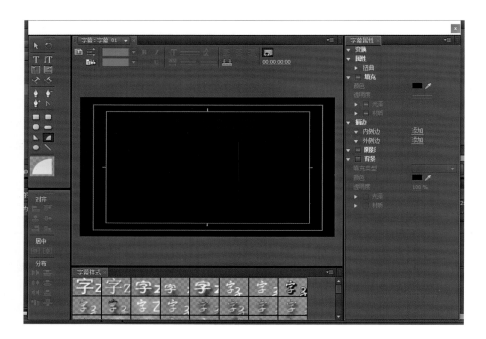

设计好后保存退出，根据实际需要在时间线上修改字幕时间长度。

9. 导出视频

（1）在时间线上设置"入点""出点"来选定导出范围。

（2）在工具栏中选择"文件"→"导出"→"媒体"。

（3）进入输出设置界面，勾选"在入点出点之间输出"，并选择输出格式。

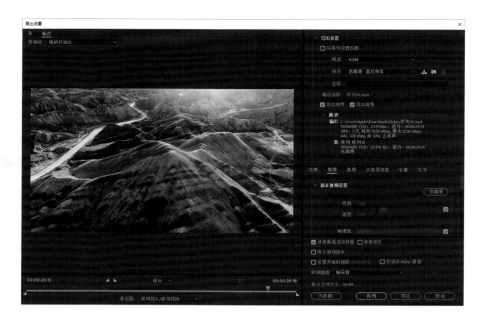

（4）选择输出及保存路径，单击"导出"既进入文件输出和保存状态。

第八章 | 飞行安全与相关法律法规

2017 年 6 月 1 日起，起飞重量在 250 克（含）以上的无人机，必须根据民航局发布的《民用无人驾驶航空器实名制登记管理规定》进行实名登记注册。8 月 31 日后如果仍未注册，其行为将被视为非法，无人机的使用也将受影响。同时正在建立无人机登记数据共享和查询制度实现与无人机运行云平台的实时交联。

无人机实名登记系统

2018 年 1 月，为了规范无人驾驶航空器飞行及相关活动，维护国家安全、公共安全、飞行安全，促进行业健康可持续发展，国家空中交通管制委员会办公室组织起草了《无人驾驶航空器飞行管理暂行条例（征求意见稿）》，并委托中国民用航空局向社会公开征求意见。这份文件是在消费级无人机日渐普及的背景下起草的，对于当前常见的无人机航拍及相关活动有较大的适用性。

作为一名负责任的无人机驾驶者，我们还应该知道一些无人机使用共同遵守的常识，比如不在人群聚集地、闹市区飞行航模，避免围观；不在机场等管制空域、重要建筑（古迹、军事设施等）周围飞行；不偷拍敏感信息等。

为了约束无人机摄影者的行为，一些社会团体也发起倡议，号召无人机摄影人加强自律，安全飞行。中国新闻摄影学会 2017 年 5 月发布了《关于加强无人机新闻摄影行为自律的倡议书》，在社会上引起良好反响，成为新闻摄影人加强无人机摄影行为自我约束的重要参考。从技术层面，无人机制造厂商也在不断完善其安全系统，其中包括预先植入机场等禁飞、限飞区域的信息。通过技术手段，无人机在该区域无法起飞或者飞行高度有一定的限制。

消费级无人机的立法和管理仍在逐步完善当中。作为每一位操作无人机的人员，应该加强法律意识和道德约束，严格要求自己，确保飞行安全，共同努力营造无人机摄影的良好环境。

《民用无人驾驶航空器系统空中交通管理办法》，见中国民用航空局网站：

http://www.caac.gov.cn/XXGK/XXGK/GFXWJ/201610/t20161008_40016.html

《民用无人机驾驶员管理规定》，网址：

http://www.caac.gov.cn/XXGK/XXGK/GFXWJ/201705/t20170527_44315.html

《民用无人驾驶航空器实名制登记管理规定》，网址：

http://www.caac.gov.cn/XXGK/XXGK/GFXWJ/201705/t20170517_44059.html

中国新闻摄影学会《关于加强无人机新闻摄影行为自律的倡议书》，见中国新闻摄影网，网址：

http://www.cnpps.org/2017-05-23/content_24572921.htm

后　记

飞天瞰世界

　　世界有多大，取决于你的视野有多大；世界有多美，取决于你的聚焦有多远。换个角度瞰世界，世界也会换个角度看你。

　　百年前的一个中秋节，当一架无人驾驶飞机悄悄飞临美国的上空，宣告世界上第一架利用无线电操纵的无人驾驶飞机正式诞生。这一源于军事战争的大胆尝试和创新，日后却成了我们重新认识世界的重要途径和手段。近年来，由于无人机的体积小、造价低、使用方便等优势，正形成一股"无人机+"的新浪潮，无人机被广泛应用于航拍、农业、植保、微拍、快递、救援、防疫、测绘、新闻、电力、救灾、影视、婚礼等社会经济生活的方方面面。2017年农历大年初一，举国共庆鸡年春节的美好时节，中央电视台隆重推出大型纪录片《航拍中国》。独特的视角、空前的影像、珍贵的画面，让华夏儿女重新见识了祖国的大好河山，也让无人机成了家喻户晓的航拍神器。

　　那么，怎么利用无人机进行航拍？这是一个理论和实践相结合的话题，更是一个理想和现实相契合的话题。无人机到底是什么、有什么特点、怎么拍、拍什么等，一系列疑惑有待阐释。本书从8个方面对无人机航拍进行了全面深入的分析解读。第一章是认识无人机，主要讲解无人机的概念、构造、配件、检查与保养；第二章是无人机的飞行控制，主要讲解无人机的飞前准备、航线规划、飞程操控、飞后维护及突发处理；第三章是无人机的静态图片拍摄，主要讲解无人机的机位选择、视角构图、光线运用、常用技巧和特殊拍摄；第四章是无人机的视频拍摄，主要从像素标准、镜头选择、角度定位、特效技巧等方面进行介绍；第五章是无人机的常见运用，主要从乡村、城市、山区、水面、夜间、动物、重大事件和高空作业等8个方面进行实解；第六章是航拍图片后期处理，主要结合各种需求讲解航拍图片的PS应用及技巧；第七章是航拍视频的后期处理，主要从航拍视频的基本术语、视频制式以及非编系统等全流程进行阐释；第八章是飞行安全与法律法规，主要讲解航拍的相关政策和法律规定。

本书图文并茂，讲解透彻，分析全面，案例丰富，实际应用性高，实践指导性强。书籍历经 6 个多月的反复修改打磨，汇聚了行业内外的真知灼见，融入了专家学者的亲身经历，选入了编写成员的亲手作品。可以说，本书既是一部入门通俗读本，也是一部精进提升经典。无论对无人机航拍新手，无人机航拍爱好者，还是无人机航拍发烧友，都是一部不可多得的汗水之作，良心之作。

本书是众多创作人员的经验总结，编写修改工作量大，书中如有疏漏之处在所难免，敬请读者朋友批评指正，以便我们在再版时修订。

汤德宏